新食感的
美味馬芬蛋糕

3 種植物油✕ *5* 種蛋糕體✕ *46* 款變化

吉川文子／著

黃嫣容／譯

本書是不使用奶油就能烘烤出美味馬芬蛋糕的食譜，
並針對如何變化不同口感為各位讀者做介紹。
不使用奶油也能做出美味的蛋糕嗎？
各位或許會有如此的疑惑，但因為以液體油取代，所以完全沒問題。
而且使用液體油能夠更快做好，想吃的時候花點時間就能完成。

「馬芬」一詞有整體輕盈且蓬鬆柔軟、溫和之意，
而我也曾經認為馬芬就是這樣的一種點心。

不過，在與許多馬芬相會後，
我發現依混合方式或製作順序不同，馬芬會有各自不同的美味，
而製作馬芬這件事也讓我愈來愈樂在其中。
如奶油蛋糕般濃厚且充滿重量感的馬芬，
或是水分較多、蛋糕體濕潤且水潤的馬芬，
還有能直接傳達粉類的風味、口感乾鬆輕爽的馬芬……
我明白了馬芬有各式各樣的類型。

至於混拌麵糊的方法，雖然也有加入粉類後，
將整體確實攪拌均勻、調整麵糊紋理的方式，
但本書是以是否能看見粉類殘留為基準、切拌混合留下空氣感的方法製作。

濕潤、蓬鬆、酥鬆、脆皮，還有做成鹹味的輕食馬芬……。
依照當天的心情或季節，挑選想吃的口感和口味來享受看看吧？
本書中也有可能會讓人覺得「這真的是馬芬嗎？」的食譜，但只要照著操作，
將麵糊倒入模具中烘烤，就能製作出如假包換的馬芬，非常有趣。

（03）

每款都是可以輕鬆製作的食譜，
請多方嘗試，挑戰各種馬芬，發掘出自己喜歡的口感吧。

吉川文子

Part 1

濕潤馬芬

Part 3

酥鬆馬芬

Part 2

蓬鬆馬芬

脆皮馬芬

Part 4

Part 5

輕食馬芬

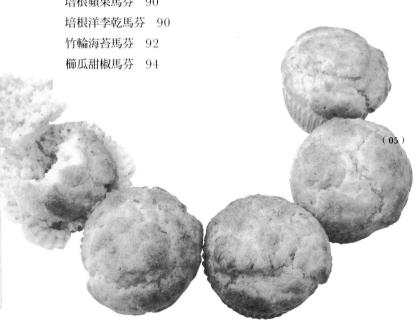

本書的使用方法

○ 1大匙是15ml，1小匙是5ml。

○ 使用的蛋皆為M尺寸。

○ 可可粉請使用不含糖的產品。

○ 優格請使用不含糖的原味優格。

○ 烤箱的溫度和時間皆為參考值。烘
　烤狀況會因熱源及機種不同而異，
　請觀察實際烘烤狀況並加以調整。

○ 本書使用的微波爐為600W的機
　種。若使用500W的機種，請將加
　熱時間調整為1.2倍。

本書特色

1

使用馬芬模具

本書使用直徑7cm、高3cm，可以同時烘烤6個馬芬的馬芬模具。雖然是擁有一個就會非常方便的基本模具，但有些食譜的分量為烘烤7個馬芬，此時請再加1個布丁模具一起烘烤。另外，若沒有馬芬模具的話，也可以用布丁模具替代，因此使用這兩者之一即可。由於會在模具內鋪入馬芬用的格拉辛紙杯或春捲皮等，所以麵糊不會直接倒進模具裡，脫模也很方便。只要使用一個缽盆並混合攪拌就能輕鬆完成，這也是馬芬蛋糕的魅力所在。

2

不用奶油也能製作

不使用奶油而改用液體油的馬芬，做出來的成品非常輕盈可口。液體油使用家裡原有的油品即可，但有強烈香氣的油品可能會影響馬芬的風味，所以不建議使用。推薦使用沙拉油、太白胡麻油、菜籽油等沒有特殊氣味的油。不管搭配哪種食材都能襯托其風味。液體油的優點為──只要想到就可以馬上動手。不必像奶油那樣還要放置回溫，不會花太多時間和手續。而且材料在每個家庭裡都是隨手可得，可以享受輕鬆製作甜點的感覺。

沙拉油
將菜籽或大豆等製成的植物油再精製過的油品。因為沒有特殊氣味，所以經常用來替代奶油。

太白胡麻油
未經過焙炒的胡麻榨成的油品，不具一般胡麻油特有的強烈香氣，所以很適合製作甜點。

菜籽油
用油菜籽榨成的植物油。特徵為色澤與香氣濃度等，會因精製法不同而有所差異。

3

享受 5 種蛋糕體

濕潤馬芬

水分和油脂充分乳化後產生輕盈感，成品口感濕潤的馬芬蛋糕。是無奶油馬芬中的基本款。

蓬鬆馬芬

蛋糕體柔軟蓬鬆，表面因撒上大量糖粉烘烤而呈現酥酥脆脆、如達克瓦茲般的口感。因為沒有加入油脂，入口輕盈不膩。

酥鬆馬芬

酥脆且鬆散，會在口中化開來的馬芬蛋糕。因加入少許花生醬或優格，所以蛋糕體不會乾澀，可輕鬆入口。

脆皮馬芬

表層脆口、內裡蓬鬆柔軟的新食感馬芬。為了充分感受鋪在模具中的春捲皮薄脆的口感，建議一烤好就馬上品嚐。

輕食馬芬

蛋糕體帶有鹹味，很適合當做正餐的馬芬蛋糕。如果加入鮪魚或蔬菜、培根等大量配料的話，只吃小小一個就會很有飽足感。

做出美味馬芬的要點

為了在不使用奶油的狀況下製作出濕潤、蓬鬆、酥鬆等
不同口感的蛋糕體，此處為各位介紹必須事先掌握的重點。

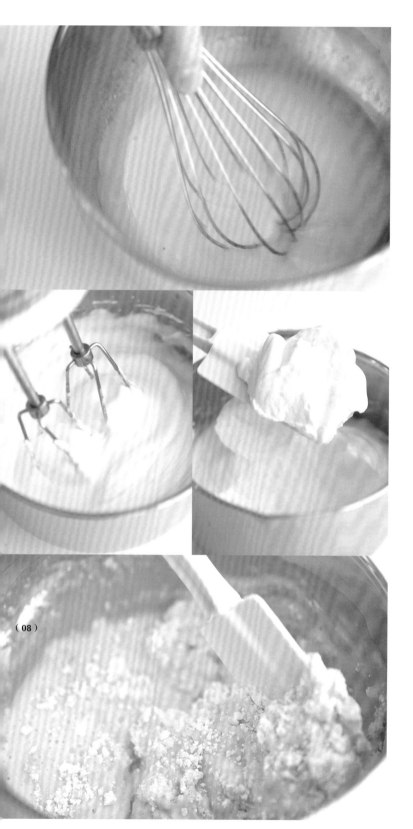

乳化

很難和水分融合是油脂的特點。所以混合油脂和蛋液時，不要一口氣加入全部的油，而是要分成數次加入，且每次加入後都要確實混拌均勻，使之乳化。打蛋器在攪動時，若產生黏稠感，就表示確實乳化了。這是製作蓬鬆馬芬以外，另4種馬芬共同的基本要點。

製作硬挺的蛋白霜

蓬鬆口感的關鍵就在於蛋白霜的硬度。為了避免在混合粉類及砂糖時消泡，將蛋白霜打得硬挺扎實很重要。其判斷標準為——提起手持式電動攪拌機時，蛋白霜會呈現挺立的尖角，或垂直拿起橡皮刮刀時，上面沾附的蛋白霜也不會掉落，這樣就是狀態最好的蛋白霜。

不要過度攪拌粉類快速混拌

加入粉類後，無論如何，快速混拌就對了。一邊轉動缽盆，一邊用橡皮刮刀從底部舀起麵糊，重複翻拌混合數次。能否攪拌成略有粉類殘留的麵糊，和成品的輕盈口感大有關聯。若過度攪拌粉類，會做出口感厚重的馬芬蛋糕，請多加留意。

美味品嚐的方法

馬芬烤好之後，若沒有當日品嚐的話，
為了不浪費精心製作的風味，
請好好保存，並在品嚐前多花一道工夫吧。

保存

如果是加入含有較多水分的水果或蔬菜口味的馬芬，就不建議保存，但若是其他種類的馬芬，就可以放入冰箱或冷凍庫保存一陣子。不論哪種馬芬，都請一個一個分別用保鮮膜包起來，再放入保鮮袋或保鮮盒，以免馬芬變得乾澀。請以冷藏保存3天、冷凍保存2週為基準，在時限內享用完畢。

品嚐

冷藏保存的馬芬在品嚐之前，要先撕除保鮮膜，再放入微波爐加熱15秒。冷凍保存的馬芬則是撕除保鮮膜，放入微波爐加熱30秒後再品嚐。不論哪種保存方式，只要稍微加熱，口感就會瞬間變好。至於冷凍保存的脆皮馬芬（P.66～79），解凍後放入烤箱烘烤2～3分鐘，外皮就會變得酥脆又美味。

＊加熱時間是以1個馬芬為基準。

基本工具

製作馬芬必備的基本工具。由於只要在一個缽盆中加入材料並混拌，就能調製出麵糊，因此少數幾樣工具就能製作。

○馬芬模具

直徑7cm、高3cm，可以同時烘烤6個馬芬。建議選用家用烤箱也很方便使用的尺寸。

○網篩

用來將粉類材料過篩混合，或是去除粉類結塊。建議使用有握把的網篩，會比較容易操作。

○橡皮刮刀

用於加入粉類之後，為了避免過度攪拌、想快速混拌，或是不想拌入過多空氣的時候。

○打蛋器

用於想將材料混拌均勻的時候。請選擇握柄好握且攪拌頭穩定堅固的產品。

○手持式電動攪拌機

打發蛋白霜或鮮奶油時使用的器材。用高速攪拌的話，就可以在短時間內完成，讓作業順利進行。

○料理秤

本書食譜中的液體也用g標示。使用能夠以1g為計量單位的電子料理秤會很方便。

○馬芬用的
　格拉辛紙杯

請使用防水且耐高溫的格拉辛馬芬紙杯。為了在製作過程中貼合模具，請確認尺寸後再購買。

○蛋糕冷卻架

用於放置剛烤好的馬芬，使其冷卻。如果將馬芬直接留在模具裡冷卻，蛋糕體會產生水氣，且因餘熱會繼續加熱，所以要馬上取出放涼。

只要在缽盆中
放入材料並混拌
就可以了！

○缽盆

請使用可以同時放入所有材料的大尺寸缽盆。建議混合材料時使用直徑18cm的缽盆，而製作蛋白霜的時候則用15cm的缽盆。

基本材料

食譜中使用的材料，用身邊容易入手的食材即可。
請以下列介紹的材料作為購物參考。

○植物油

請使用植物性油脂。沙拉油、太白胡麻油、菜籽油等，這些香氣和特殊氣味較不明顯的產品都很適合用來製作馬芬。

○低筋麵粉

會產生黏性的蛋白質和麩質的含量較少，適合用來製作甜點。請使用能輕鬆購買到的麵粉。

○玉米澱粉

從玉米中萃取出來的澱粉物質。加入烘焙甜點中就能做出輕盈的口感。

○細砂糖

顆粒比上白糖大，特徵為沒有香氣或特殊氣味，且帶有清爽的甘甜。不會干擾食材本身的風味，是很適合用來製作甜點的砂糖。

○黍砂糖

由甘蔗萃取製成的砂糖。具有獨特風味，建議想增添甜點的醇厚滋味時使用。

○泡打粉

膨脹劑。為了使蛋糕體膨脹所以會少量使用。請選用不含添加物鋁鹽的無鋁泡打粉。

○香草油

將香草的香氣成分溶於油中製成的產品。和香草精相比，香氣比較不容易逸散，所以很適合用於製作甜點。

○杏仁粉

將杏仁堅果磨成粉狀的甜點材料。請使用烘焙用的杏仁粉。可以增添風味和濃醇感。

○蛋

使用M尺寸的蛋（1個約55g）。若蛋黃和蛋白要分開使用的話，請以1個蛋的蛋黃20g、蛋白35g為基準。

○鹽

用於輕食馬芬的麵糊中。鹽有天然鹽、精製鹽等各式各樣的種類，使用一般的產品即可。

○優格

只要是無糖的原味優格，選擇自己喜歡的產品就OK。加入優格會促進乳化，可以為蛋糕體增添濃醇感與濕潤感。

Part 1

濕潤馬芬

可以充分感受到濕潤蛋糕體的美味，使用液體油製作的基本食譜。
因水分含量多，搭配上水果或巧克力、咖啡等各式各樣的配料都很適
合，可以盡情享受變換食材的樂趣。作法也非常簡單，能夠在空閒的
時候輕鬆製作。

Part 1

基本的濕潤馬芬・原味

加入優格的濕潤質地。可以感受到蛋糕體本身美味的原味馬芬，
也是變化各種口味的基礎。

材料（直徑7cm的馬芬模具6個份）
蛋　1個
植物油　70g
優格　50g
牛奶　50g
香草油　少許

A
低筋麵粉　120g
泡打粉　1小匙
黍砂糖　70g

事前準備
○ 將蛋置於室溫回溫。
○ 將A混合過篩。
○ 在模具中鋪入馬芬用的格拉辛紙杯。
○ 將烤箱預熱至190℃。

作法

1 將蛋和植物油混合

將蛋打入缽盆中，用打蛋器攪拌打散成蛋液。

將植物油逐次少量加入，每次加入後都要用打蛋器確實混拌均勻，使之乳化。

混拌至植物油和蛋液完全融合沒有分離，且蛋液變成濃稠的狀態為止。

2 加入優格等

將優格一次全部加入，用打蛋器混拌至沒有結塊為止。

加入牛奶，確實混拌使之乳化。

加入香草油，混拌均勻。

3 加入粉類

將A一次加入。

一邊轉動缽盆，一邊用橡皮刮刀從底部舀起麵糊，不要過度攪拌地快速混拌。沒有粉類殘留就是攪拌完成了。

（15）

---POINT

攪拌至看不到粉類後，就要馬上停止動作。若過度攪拌，口感會變得厚重，所以要多留意。

4 烘烤

用湯匙將3均等填入鋪有格拉辛紙杯的模具中，以190℃的烤箱烘烤18～20分鐘。

5 脫模

烤好後，用叉子等工具將馬芬從模具中取出，移到蛋糕冷卻架上放涼。

CARAMEL CRUMBLE MUFFIN

焦糖奶酥馬芬　作法→p18

COFFEE, WHITE CHOCOLATE MUFFIN
咖啡白巧克力馬芬　作法→ p19

焦糖奶酥馬芬

濕潤的蛋糕體再加上奶酥酥脆的口感。
略帶苦味的自製焦糖奶油醬是味道的關鍵。

材料（直徑7cm的馬芬模具6個份）

蛋　1個
植物油　70g
優格　50g
牛奶　50g
香草油　少許

A
| 低筋麵粉　120g
| 泡打粉　1小匙
| 黍砂糖　70g

焦糖奶油醬　60g
　　＊剩下的焦糖奶油醬可以冷藏保存2週
| 細砂糖　100g
| 水　15g
| 鮮奶油　100g

奶酥
B
| 低筋麵粉　40g
| 杏仁粉　20g
| 黍砂糖　20g
| 肉桂粉　少許
| 植物油　20g

事前準備

○ 將蛋置於室溫回溫。
○ A、B 的材料分別混合過篩。
○ 在模具中鋪入馬芬用的格拉辛紙杯。
○ 將烤箱預熱至190℃。

作法

1　製作焦糖奶油醬。在鍋中加入細砂糖和水，開中火加熱，一邊搖晃鍋子一邊加熱至砂糖融化且變成深褐色。關火後一口氣加入鮮奶油（照片a）。用打蛋器混拌（照片b），待紋路消失後再移入缽盆中大略放涼。秤量並分出要用的60g。

2　製作奶酥。在缽盆中放入 B，將植物油一次全部倒入之後，用橡皮刮刀混拌。變得濕潤後，改用手混合，以指尖搓成鬆散的顆粒狀（照片c）。

3　將蛋打入缽盆中，用打蛋器攪拌打散。將植物油逐次少量加入，每次加入後都要用打蛋器確實混拌均勻，使之乳化。

4　將優格一次全部加入，用打蛋器混拌至沒有結塊為止。依序加入牛奶、香草油，每加入一種後都要確實攪拌，使之乳化。

5　一口氣加入全部的 A，一邊轉動缽盆，一邊用橡皮刮刀從底部舀起麵糊翻拌。攪拌至略有粉類殘留的狀態後，再將⅔分量的 1 滴入麵糊數處，快速攪拌一下。

6　用湯匙將 5 均等填入鋪有格拉辛紙杯的模具中。用湯匙將剩下的 1 等量放在每個麵糊上，輕輕攪拌做出大理石花紋。將 2 平均放上，用190℃的烤箱烘烤22分鐘。

7　烤好後，用叉子等工具將馬芬從模具中取出，移到蛋糕冷卻架上放涼。

咖啡白巧克力馬芬

帶有蘭姆酒香氣的咖啡苦味，與甜甜的白巧克力非常契合。
片狀巧克力用容易購得的市售品就OK。

材料（直徑7cm的馬芬模具6個份）

蛋　1個
植物油　70g
優格　50g
牛奶　50g

A
　低筋麵粉　120g
　泡打粉　1小匙
　黍砂糖　80g

B
　即溶咖啡
　　（冷凍乾燥）　2小匙
　黑蘭姆酒　2小匙
片狀白巧克力　1片（40g）

事前準備

○ 將蛋置於室溫回溫。
○ 將A混合過篩。
○ 將B混合後攪拌。
○ 用手將片狀巧克力一片一片剝碎。
○ 在模具中鋪入馬芬用的格拉辛紙杯。
○ 將烤箱預熱至190℃。

作法

1 將蛋打入缽盆中，用打蛋器打散成蛋液。將植物油逐次少量加入，每次加入後都要用打蛋器攪拌均勻，使之乳化。

2 將優格一次全部加入，用打蛋器混拌至沒有結塊為止。加入牛奶和B後確實攪拌，使之乳化。

3 一口氣加入全部的A，一邊轉動缽盆，一邊用橡皮刮刀從底部舀起麵糊翻拌。攪拌至沒有粉類殘留時，就是混合完成了。

4 用湯匙將3均等填入鋪有格拉辛紙杯的模具中，將片狀白巧克力等量戳入放上，用190℃的烤箱烘烤18～20分鐘。

5 烤好後，用叉子等工具將馬芬從模具中取出，移到蛋糕冷卻架上放涼。

COOKIE BANANA MUFFIN
餅乾香蕉馬芬

餅乾香蕉馬芬

烘烤膨脹的同時，餅乾麵團裂開的模樣宛如波蘿麵包。
香蕉的自然甜味也非常適合當做早餐。

材料（直徑7cm的馬芬模具6個份）

蛋　1個
植物油　60g
優格　30g
牛奶　30g
香草油　少許
A
　低筋麵粉　100g
　泡打粉　1小匙
　黍砂糖　60g
香蕉　1根
餅乾麵團
　B
　　低筋麵粉　40g
　　黍砂糖　20g
　　杏仁粉　15g
　　肉桂粉　少許
　植物油　20g

事前準備

○ 將蛋置於室溫回溫。
○ 將 A、B 分別混合過篩。
○ 剝除香蕉的皮，切成2mm厚的圓片。
○ 在模具內鋪入馬芬用的格拉辛紙杯。
○ 將烤箱預熱至190℃。

作法

1　製作餅乾麵團。在缽盆中放入 B，將植物油一次全部倒入之
　　後，用橡皮刮刀混拌。變得酥酥鬆鬆後聚集成一團，接著搓成棒
　　狀並用刮板分成6等分（照片 a），再分別用手搓成球狀放在工
　　作檯上，從上方壓成直徑6cm的圓形（照片 b）。
2　將蛋打入缽盆中，用打蛋器打散成蛋液。將植物油逐次少量加
　　入，每次加入後都要用打蛋器攪拌均勻，使之乳化。
3　將優格一次全部加入，用打蛋器混拌至沒有結塊為止。依序加入
　　牛奶、香草油，每加入一種後都要確實攪拌，使之乳化。
4　一口氣加入全部的 A，一邊轉動缽盆，一邊用橡皮刮刀從底部舀
　　起麵糊翻拌。攪拌至略有粉類殘留的狀態後，加入香蕉快速切拌
　　混合。
5　用湯匙將 4 均等填入鋪有格拉辛紙杯的模具中。將 1 一片片分別
　　放在每個麵糊上，以190℃的烤箱烘烤18～20分鐘。
6　因為餅乾麵團很容易碎裂，所以烤好後先直接留在模具中大略放
　　涼。用叉子等工具將馬芬從模具中取出，移到蛋糕冷卻架上繼續
　　放涼。

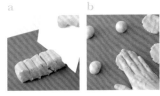

a　　b

ROCKY ROAD MUFFIN
岩石路馬芬　作法→p24

SACHERTORTE MUFFIN
沙赫馬芬　　作法→ p25

岩石路馬芬

這款巧克力甜點讓人聯想到凹凸不平的岩石，
如石板路般起伏的巧克力、堅果及棉花糖，
三者譜出的協奏曲在口中擴散開來。

材料（直徑7cm的馬芬模具6個份）

蛋　1個
植物油　70g
優格　50g
牛奶　50g
香草油　少許

A

低筋麵粉　120g
泡打粉　1小匙
黍砂糖　60g

B

片狀黑巧克力　1片（50g）
綜合堅果（烘烤過）　50g
迷你棉花糖　20g

事前準備

○ 將蛋置於室溫回溫。
○ 將 **A** 混合過篩。
○ 將 **B** 的片狀巧克力用手剝成約1cm的
　丁狀（或是切碎），綜合堅果切成果
　仁的一半大小，兩者混合後，再加入
　棉花糖混合。
○ 在模具中鋪入馬芬用的格拉辛紙杯。
○ 將烤箱預熱至190℃。

作法

1　將蛋打入缽盆中，用打蛋器打散成蛋液。將植物油逐次少量加
　入，每次加入後都要用打蛋器攪拌均勻，使之乳化。
2　將優格一次全部加入，用打蛋器混拌至沒有結塊為止。依序加入
　牛奶、香草油，每加入一種後都要確實攪拌，使之乳化。
3　一口氣加入全部的 **A**，一邊轉動缽盆，一邊用橡皮刮刀從底部舀
　起麵糊翻拌。攪拌至略有粉類殘留的狀態後，加入⅔分量的 **B**，
　快速切拌混合。
4　用湯匙將 **3** 均等填入鋪有格拉辛紙杯的模具中。將剩下的 **B** 等量
　放在每個麵糊上，以190℃的烤箱烘烤18～20分鐘。
5　烤好後，用叉子等工具將馬芬從模具中取出，移到蛋糕冷卻架上
　放涼。

沙赫馬芬

淋上滿滿巧克力糖霜，濃醇豐厚的滋味。
因為做成馬芬所以口感輕盈，
遇見全新感覺的奧地利傳統點心「沙赫蛋糕」。

材料（直徑7cm的馬芬模具6個份）

蛋　1個
植物油　60g
優格　50g
牛奶　50g
香草油　少許

A

低筋麵粉　80g
可可粉　20g
杏仁粉　20g
泡打粉　1小匙
黍砂糖　70g
鹽　少許

糖霜

甜巧克力
　（可可脂含量55%）　70g
糖粉　40g
水　30g

事前準備

○ 將蛋置於室溫回溫。
○ 將A混合過篩。
○ 在模具中鋪入馬芬用的格拉辛紙杯。
○ 將烤箱預熱至190℃。
○ 將巧克力切碎。

作法

1　將蛋打入缽盆中，用打蛋器打散成蛋液。將植物油逐次少量加入，每次加入後都要用打蛋器攪拌均勻，使之乳化。

2　將優格一次全部加入，用打蛋器混拌至沒有結塊為止。依序加入牛奶、香草油，每加入一種後都要確實攪拌，使之乳化。

3　一口氣加入全部的A，一邊轉動缽盆，一邊用橡皮刮刀從底部舀起麵糊翻拌。攪拌至沒有粉類殘留時，就是混合完成了。

4　用湯匙將3均等填入鋪有格拉辛紙杯的模具中。以190℃的烤箱烘烤18～20分鐘。

5　烤好後，用叉子等工具將馬芬從模具中取出，移到蛋糕冷卻架上放涼。

6　製作糖霜。將巧克力放入耐高溫缽盆中，用微波爐加熱1分鐘。一口氣加入全部的糖粉之後，用橡皮刮刀混拌，接著將水分成4～5次加入，確實混拌均勻。

7　用手拿著5放入6的缽盆內沾取糖霜（照片a）。將馬芬蛋糕上半部浸泡在糖霜中，全部都裹滿之後再向上提起（照片b），放置於蛋糕冷卻架上待其乾燥。

（25）

a　　　　b

BLUEBERRY
CHEESE CAKE MUFFIN
藍莓乳酪馬芬　作法→p28

（26）

RASPBERRY,
COCONUT MUFFIN
覆盆子椰子馬芬　作法→p28

LEMON CAKE MUFFIN

檸檬蛋糕馬芬　　作法→ p29

藍莓乳酪馬芬

味道相當契合的藍莓和奶油乳酪馬芬。
搭配喜歡的紅茶一起享受午茶時光。

材料（直徑7cm的馬芬模具6個份）

奶油乳酪　80g
細砂糖　70g
蛋　1個
植物油　30g
牛奶　60g
檸檬皮　⅓個份

A
┃低筋麵粉　120g
┃泡打粉　1小匙
藍莓（新鮮或冷凍的）　50g
頂部配料
┃藍莓（新鮮或冷凍的）　適量
┃奶油乳酪　20g

事前準備
○ 將蛋和奶油乳酪置於室溫回溫。
○ 將A混合過篩。
○ 將檸檬皮磨碎。
○ 在模具中鋪入馬芬用的格拉辛紙杯。
○ 將烤箱預熱至190℃。

作法

1　在缽盆中放入奶油乳酪，用橡皮刮刀攪拌至呈乳霜狀。加入細砂糖，用打蛋器混拌至變得柔軟滑順為止。

2　將蛋打入另一個缽盆中，用打蛋器打散。分成3～4次加入 **1** 中，確實混拌均勻。

3　依序將植物油和牛奶逐次少量加入，每次加入後都要用打蛋器攪拌均勻，使之乳化，再加入磨碎的檸檬皮。

4　一口氣加入全部的A，一邊轉動缽盆，一邊用橡皮刮刀從底部舀起麵糊翻拌。攪拌至略有粉類殘留的狀態後，加入藍莓快速切拌混合。

5　用湯匙將 **4** 均等填入鋪有格拉辛紙杯的模具中。將頂部配料等量放在每個麵糊上，以190℃的烤箱烘烤18～20分鐘。

6　烤好後，用叉子等工具將馬芬從模具中取出，移到蛋糕冷卻架上放涼。

覆盆子椰子馬芬

覆盆子的紅色成為亮點，外觀也很可愛的馬芬。
烘烤後香氣四溢的椰子絲，為整體滋味和口感更添風味。

材料（直徑7cm的馬芬模具6個份）

蛋　1個
植物油　70g
優格　60g
牛奶　60g
利口酒（有的話）　2小匙

A
┃低筋麵粉　130g
┃泡打粉　1小匙
┃細砂糖　80g
覆盆子（新鮮或冷凍的）　30g
細椰子絲　15g
頂部配料
┃覆盆子（新鮮或冷凍的）　適量
┃細椰子絲　適量

事前準備
○ 將蛋置於室溫回溫。
○ 將A混合過篩。
○ 在模具中鋪入馬芬用的格拉辛紙杯。
○ 將烤箱預熱至190℃。

作法

1　將蛋打入缽盆中，用打蛋器打散成蛋液。將植物油逐次少量加入，每次加入後都要用打蛋器攪拌均勻，使之乳化。

2　將優格一次全部加入，用打蛋器混拌至沒有結塊為止。依序加入牛奶、利口酒，每加入一種後都要確實攪拌，使之乳化。

3　一口氣加入全部的A，一邊轉動缽盆，一邊用橡皮刮刀從底部舀起麵糊翻拌。攪拌至略有粉類殘留的狀態後，加入覆盆子和細椰子絲，再以切拌的方式混合。

4　用湯匙將 **3** 均等填入鋪有格拉辛紙杯的模具中。將頂部配料等量放在每個麵糊上，以190℃的烤箱烘烤22分鐘。

5　烤好後，用叉子等工具將馬芬從模具中取出，移到蛋糕冷卻架上放涼。

● 細椰子絲
將椰子果肉切碎乾燥後的產品。能享受到甘甜香氣與酥酥的口感，也經常用於甜點的頂部裝飾等等。

檸檬蛋糕馬芬

在帶有黏稠度的檸檬糖霜中加入檸檬皮。
酸味和蛋糕體的甜味取得完美平衡,美味程度讓人迫不及待想伸手品嚐。

材料（直徑7cm的馬芬模具6個份）

蛋　1個
植物油　70g
優格　60g
牛奶　50g
檸檬汁　10g
檸檬皮　½個份

A

　低筋麵粉　130g
　泡打粉　1小匙
　細砂糖　80g

糖霜

　糖粉　60g
　檸檬汁　10g
　水　適量

頂部配料

　檸檬皮　適量

事前準備

○ 將蛋置於室溫回溫。
○ 將A混合過篩。
○ 將要加入蛋糕麵糊的檸檬皮磨碎。
○ 在模具中鋪入馬芬用的格拉辛紙杯。
○ 將烤箱預熱至190℃。

作法

1. 將蛋打入缽盆中,用打蛋器打散成蛋液。將植物油逐次少量加入,每次加入後都要用打蛋器攪拌均勻,使之乳化。
2. 將優格一次全部加入,用打蛋器混拌至沒有結塊為止。依序加入牛奶、檸檬汁、磨碎的檸檬皮,每加入一種後都要確實攪拌,使之乳化。
3. 一口氣加入全部的A,一邊轉動缽盆,一邊用橡皮刮刀從底部舀起麵糊翻拌。攪拌至沒有粉類殘留時,就是混合完成了。
4. 用湯匙將3均等填入鋪有格拉辛紙杯的模具中。以190℃的烤箱烘烤20分鐘。
5. 烤好後,用叉子等工具將馬芬從模具中取出,移到蛋糕冷卻架上放涼。
6. 製作糖霜。在缽盆中放入糖粉,再一口氣加入全部的檸檬汁,用湯匙確實混拌均勻。如果糖霜太硬的話,就逐次加入少量的水調整,直到變成濃稠且滑順的狀態(照片a)。
7. 用湯匙舀起6,淋在5的表面上,以湯匙背面畫圓抹開(照片b)。用刨皮刀削下檸檬皮裝飾頂部,放置於蛋糕冷卻架上待其乾燥。

● 刨皮刀（zester）
用來刨取檸檬或柑橘類的皮或刨細用的工具。照片顯示的是能刨下表皮的種類。此外還有各種不同形狀的工具。

MATCHA GREEN TEA
SESAME SABLE MUFFIN
抹茶芝麻沙布雷馬芬 　作法→p32

RED BEAN COCOA MUFFIN
紅豆可可馬芬 　作法→p33

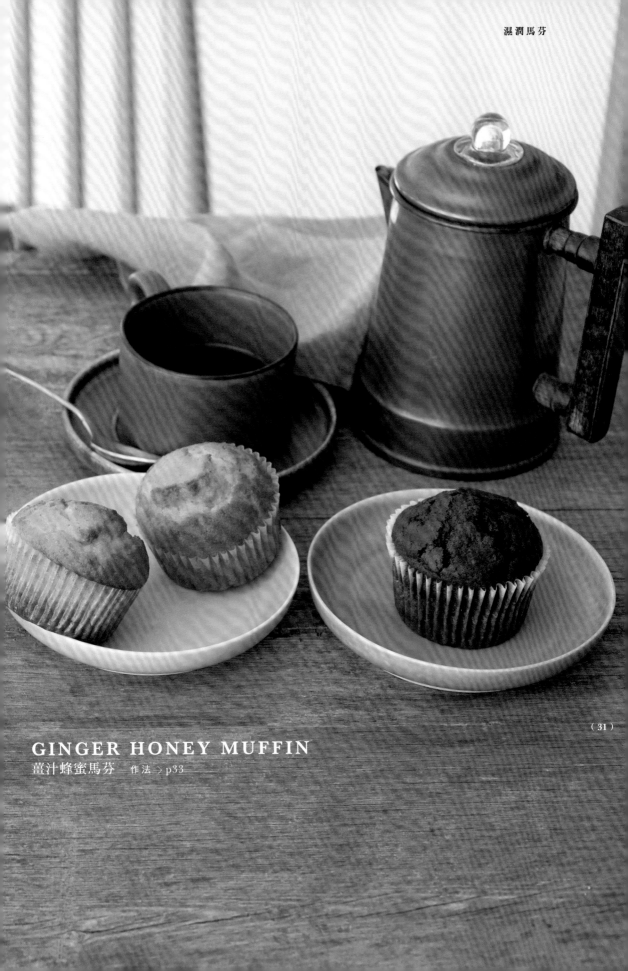

GINGER HONEY MUFFIN
薑汁蜂蜜馬芬　作法→p33

抹茶芝麻沙布雷馬芬

抹茶風味與芝麻香氣誘人的餅乾麵團非常契合。
完成的麵團可做7個馬芬，用布丁模具等也可以烤得很漂亮。

材料（直徑7cm的馬芬模具6個份＋
直徑7cm的布丁模具1個份）

蛋　1個
植物油　70g
抹茶粉　5g
優格　60g
牛奶　50g

A
　低筋麵粉　120g
　泡打粉　1小匙
　黍砂糖　80g

芝麻沙布雷麵團

B
　　低筋麵粉　40g
　　黍砂糖　20g
　　杏仁粉　15g
　　鹽　少許
　植物油　20g
　焙炒黑芝麻　1大匙

事前準備
○ 將蛋置於室溫回溫。
○ 將A、B分別混合過篩。
○ 在模具中鋪入馬芬用的格拉辛紙杯。
○ 將烤箱預熱至190℃。

作法

1　製作芝麻沙布雷麵團。在缽盆中放入B，將植物油一次全部倒入之後，用橡皮刮刀混拌。變成乾乾鬆鬆的顆粒狀後加入芝麻，接著聚集成一團塑成棒狀，用刮板切分成7等分，再分別用手搓成球狀放在工作檯上，從上方壓成直徑6cm的圓形（參考P21）。

2　將蛋打入缽盆中，用打蛋器打散成蛋液。將植物油逐次少量加入，每次加入後都要用打蛋器攪拌均勻，使之乳化。

3　加入抹茶粉混拌均勻後，將優格一次全部加入，用打蛋器混拌至沒有結塊為止。加入牛奶後確實攪拌，使之乳化。

4　一口氣加入全部的A，一邊轉動缽盆，一邊用橡皮刮刀從底部舀起麵糊翻拌。攪拌至沒有粉類殘留時，就是混合完成了。

5　準備好鋪入格拉辛紙杯的馬芬模具和1個放入格拉辛紙杯的布丁模具，用湯匙將4均等填入。將1一片片分別放在每個麵糊上，以190℃的烤箱烘烤18～20分鐘。

6　烤好後，用叉子等工具將馬芬從模具中取出，移到蛋糕冷卻架上放涼。

紅豆可可馬芬

在鬆軟帶點苦味的可可蛋糕體中添加和風滋味的紅豆，
讓口感更加濕潤。雖然是出乎意料的組合，但出奇地契合。

材料（直徑7cm的馬芬模具6個份）

蛋　1個
植物油　60g
優格　40g
煮過的紅豆　100g
牛奶　50g

A

  低筋麵粉　100g
  可可粉　20g
  泡打粉　1小匙
  黍砂糖　60g
  鹽　少許

事前準備

（＊「薑汁蜂蜜馬芬」的準備事項也相同）

○ 將蛋置於室溫回溫。＊
○ 將A混合過篩。＊
○ 在模具中鋪入馬芬用的格拉辛紙杯。＊
○ 將烤箱預熱至190℃。＊

作法

1　將蛋打入缽盆中，用打蛋器打散成蛋液。將植物油逐次少量加入，每次加入後都要用打蛋器攪拌均勻，使之乳化。

2　將優格一次全部加入，用打蛋器混拌至沒有結塊為止。依序加入煮過的紅豆、牛奶，每加入一種後都要確實攪拌，使之乳化。

3　一口氣加入全部的A，一邊轉動缽盆，一邊用橡皮刮刀從底部舀起麵糊翻拌。攪拌至沒有粉類殘留時，就是混合完成了。

4　用湯匙將3均等填入鋪有格拉辛紙杯的模具中。以190℃的烤箱烘烤18～20分鐘。

5　烤好後，用叉子等工具將馬芬從模具中取出，移到蛋糕冷卻架上放涼。

薑汁蜂蜜馬芬

用薑汁和蜂蜜製成的馬芬。吃了之後，
身體彷彿會暖和起來，微微溫和的滋味。

材料（直徑7cm的馬芬模具6個份）

蛋　1個
植物油　70g
蜂蜜　20g
優格　40g
牛奶　40g
榨出的薑汁　5g

A

  低筋麵粉　120g
  泡打粉　1小匙
  肉桂粉　¼小匙
  細砂糖　60g

事前準備

○ 請參考「紅豆可可馬芬」事前準備的
　＊，做相同的準備。

作法

1　「參考「紅豆可可馬芬」作法的1，以同樣方式製作。

2　依序加入蜂蜜、優格、牛奶、榨出的薑汁，每加入一種後都要確實攪拌，使之乳化。

3　參考「紅豆可可馬芬」作法的3～5，以同樣方式製作。　　（33）

MADELEINE MUFFIN
瑪德蓮馬芬　作法→p36

WHITE WINE & RAISINS MUFFIN
白酒葡萄乾馬芬　作法→p36

（35）

ORANGE, SOUR CREAM MUFFIN

柳橙酸奶油馬芬　作法⇒p37

瑪德蓮馬芬

使用的材料只有6種，所以作法非常簡單。不用奶油也能
做出濕潤且滋味濃醇的蛋糕體，可以享受到瑪德蓮的風味。

材料（直徑7cm的馬芬模具6個份）

蛋　2個

植物油　80g

A

　低筋麵粉　80g
　杏仁粉　10g
　泡打粉　1小匙
　細砂糖　80g

事前準備

（＊「白酒葡萄乾馬芬」的
準備事項也相同）

○ 將蛋置於室溫回溫。＊
○ 將A混合過篩。＊
○ 在模具中鋪入馬芬用的格拉辛紙杯。＊
○ 將烤箱預熱至190℃。＊

作法

1　將蛋打入缽盆中，用打蛋器打散成蛋液。將植物油逐次少量加入，每次加入後都要用打蛋器攪拌均勻，使之乳化。

2　一口氣加入全部的A，一邊轉動缽盆，一邊用橡皮刮刀從底部舀起麵糊翻拌。攪拌至沒有粉類殘留時，就是混合完成了。

3　用湯匙將2均等填入鋪有格拉辛紙杯的模具中。以190℃的烤箱烘烤18分鐘。

4　烤好後，用叉子等工具將馬芬從模具中取出，移到蛋糕冷卻架上放涼。

白酒葡萄乾馬芬

白酒的香氣在口中輕柔地擴散開來，滋味相當豐潤。
將葡萄乾浸泡在白酒中，更增添濃郁風味。

材料（直徑7cm的馬芬模具6個份）

蛋　1個

植物油　70g

優格　40g

A

　低筋麵粉　120g
　杏仁粉　10g
　泡打粉　1小匙
　細砂糖　70g

B

　葡萄乾　40g
　白酒　50g

事前準備

○ 將B的葡萄乾放入熱水中（分量外）快速泡一下再瀝乾水分。接著放入白酒中浸漬約5分鐘備用。

○ 除了上述事項外，其他請參考「瑪德蓮馬芬」事前準備的＊，做相同的準備。

作法

1　將蛋打入缽盆中，用打蛋器打散成蛋液。將植物油逐次少量加入，每次加入後都要用打蛋器攪拌均勻，使之乳化。

2　將優格一次全部加入，用打蛋器攪拌至沒有結塊為止。將B連同白酒一起加入，再次攪拌均勻，使之乳化。

3　參考「瑪德蓮馬芬」作法的2～4，以同樣方式製作。

柳橙酸奶油馬芬

柳橙的鮮豔顏色可以引出人們食欲的馬芬。
如果使用新鮮水果製作，徹底瀝乾水分是烤得美味的訣竅。
酸奶油和蜂蜜製成的頂部配料不烘烤，
當做抹醬搭配馬芬一起享用也很美味。

材料（直徑7cm的馬芬模具6個份）

蛋　1個
植物油　70g
優格　40g
柳橙汁（果汁含量100%）　50g
柳橙皮　⅓個份

A
　低筋麵粉　120g
　泡打粉　1小匙
　細砂糖　60g

頂部配料
B
　　酸奶油　30g
　　蜂蜜　10g
　柳橙果實（新鮮的）　1個份

事前準備

○ 將蛋置於室溫回溫。
○ 將A混合過篩。
○ 將柳橙皮磨碎之後，取出果肉。從
　瓣膜中取出後放在紙巾上吸除水分
　（照片a），再從上方覆蓋一張紙巾
　輕壓，確實去除多餘的水分（照片
　b）。
○ 將B混合。
○ 在模具中鋪入馬芬用的格拉辛紙杯。
○ 將烤箱預熱至190℃。

作法

1　將蛋打入缽盆中，用打蛋器打散成蛋液。將植物油逐次少量加
　入，每次加入後都要用打蛋器攪拌均勻，使之乳化。

2　將優格一次全部加入，用打蛋器混拌至沒有結塊為止。依序加入
　柳橙汁、磨碎的柳橙皮，每加入一種後都要確實攪拌，使之乳
　化。

3　一口氣加入全部的A，一邊轉動缽盆，一邊用橡皮刮刀從底部舀
　起麵糊翻拌。攪拌至沒有粉類殘留時，就是混合完成了。

4　用湯匙將3均等填入鋪有格拉辛紙杯的模具中。將B等量放在每
　個麵糊上，再放上1～2片柳橙果肉（不用切），以190℃的烤箱
　烘烤22分鐘。

5　烤好後，用叉子等工具將馬芬從模具中取出，移到蛋糕冷卻架上
　放涼。

(37)

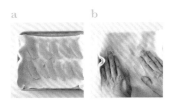

a　　　　b

Part
2

蓬鬆馬芬

以混合蛋白霜的方式製作，可以享受蓬鬆口感的馬芬蛋糕。由於粉量較少且不使用任何油脂，所以能做出相當輕盈的口感。和不含水分的水果乾或紅茶、香草等食材相當契合，因此不妨多多嘗試自己喜歡的變化。而確實將蛋白霜打發至挺立是做出美味蛋糕的要點。

BASIC, PLAIN MUFFIN

基本的蓬鬆馬芬・原味　作法→p40

(39)

Part 2

基本的蓬鬆馬芬·原味

將蛋白霜確實打發是製作的重點。因為撒上大量糖粉，
所以可以享受表面烤得香酥、內裡鬆軟的馬芬。

材料（直徑7cm的馬芬模具6個份）

蛋黃　2個份
香草油　少許
蛋白　2個份
細砂糖　50g

A
　低筋麵粉　50g
　杏仁粉　10g
糖粉　適量

事前準備

○ 將蛋白放入冰箱冷藏備用。
○ 將 A 混合過篩。
○ 在模具中鋪入馬芬用的格拉辛
　紙杯。
○ 將烤箱預熱至180℃。

作法

1 在蛋黃中加入香草油混合

在容器中放入蛋黃，用橡皮刮刀打
散，加入香草油混拌。

2 製作蛋白霜

將冰的蛋白放入缽盆中，用手持式電
動攪拌機以高速攪打。

攪打至泛白後，一邊將細砂糖分成
3～4次加入，一邊打發。

3 在蛋白霜中加入蛋黃

攪打至變成扎實且硬挺的蛋白霜，提
起手持式電動攪拌機檢查，若蛋白霜
呈現尖角挺立就是打發完成了。

將1一口氣全部加入蛋白霜中，用橡
皮刮刀快速混拌。

在蛋白霜和1尚未完全混合，且蛋黃
還殘留黃色紋路的狀態時，停止動
作。

4 加入粉類

將 A 分成2～3次加入，並用橡皮刮刀以切拌的方式混合，注意不要過度攪和。

一邊轉動缽盆，一邊小心避免蛋白霜消泡，將麵糊從底部舀起來翻拌。

混合至沒有粉類殘留，且即使翻轉橡皮刮刀麵糊也不會滴落的硬度時，就是完成了。

（41）

POINT

只要撒上糖粉，就能烤出酥脆的表面。

5 烘烤

6 脫模

用湯匙將 4 均等填入鋪有格拉辛紙杯的模具中。

用茶篩在表面撒上糖粉。分成2次，每次都大量撒滿，然後放入180℃的烤箱中烘烤15分鐘。

烤好後，用叉子等工具將馬芬從模具中取出，移到蛋糕冷卻架上放涼。

(42)

COCOA CHOCOLATE CHIPS MUFFIN
可可巧克力豆馬芬　作法→p44

（43）

COFFEE NUTS MUFFIN
咖啡堅果馬芬　作法→ p45

可可巧克力豆馬芬

對半切開後，就會出現可可的濃郁色澤，是一款充滿驚喜感的馬芬。
巧克力豆的甜味讓可可的風味更鮮明。

材料（直徑7cm的馬芬模具6個份）

蛋黃　2個份
香草油　少許
蛋白　2個份
細砂糖　50g

A
　低筋麵粉　40g
　可可粉　20g
巧克力豆　30g
糖粉　適量

事前準備

○ 將蛋白放入冰箱冷藏備用。
○ 將A混合過篩。
○ 在模具中鋪入馬芬用的格拉辛紙杯。
○ 將烤箱預熱至180℃。

作法

1　在容器中放入蛋黃，用橡皮刮刀打散，加入香草油混拌。

2　將冰的蛋白放入缽盆中，用手持式電動攪拌機以高速攪打。打至泛白後，一邊將細砂糖分成3～4次加入，一邊將蛋白霜確實打發成尖角挺立的狀態。

3　將1一口氣全部加入2中，用橡皮刮刀快速混拌。攪拌至蛋白霜和蛋黃尚未完全混合，且蛋黃還殘留黃色紋路的狀態為止。

4　將A分成2～3次加入，一邊轉動缽盆，一邊小心避免蛋白霜消泡，用橡皮刮刀從底部舀起麵糊翻拌。混合至沒有粉類殘留後，加入巧克力豆，然後切拌混合。

5　用湯匙將4均等填入鋪有格拉辛紙杯的模具中。用茶篩在表面撒上糖粉。分成2次，每次都大量撒滿，然後放入180℃的烤箱中烘烤15分鐘。

6　烤好後，用叉子等工具將馬芬從模具中取出，移到蛋糕冷卻架上放涼。

咖啡堅果馬芬

細細咀嚼後，淡淡香氣和微微苦味就會在口中擴散開來。
即溶咖啡的顆粒與切碎的核桃呈現出恰到好處的絕妙滋味。

材料（直徑7cm的馬芬模具6個份）

蛋黃　2個份
優格　1小匙
蛋白　2個份
細砂糖　50g
A
　低筋麵粉　50g
　杏仁粉　10g
即溶咖啡（冷凍乾燥）　1大匙
糖粉　適量
核桃（烘烤過）　30g

事前準備

○ 將蛋白放入冰箱冷藏備用。
○ 將A混合過篩。
○ 將核桃大略切碎。
○ 在模具中鋪入馬芬用的格拉辛紙杯。
○ 將烤箱預熱至180℃。

作法

1　在容器中放入蛋黃，用橡皮刮刀打散，加入優格混拌。

2　將冰的蛋白放入缽盆中，用手持式電動攪拌機以高速攪打。打至泛白後，一邊將細砂糖分成3～4次加入，一邊將蛋白霜確實打發成尖角挺立的狀態。

3　將1一口氣全部加入2中，用橡皮刮刀快速混拌。攪拌至蛋白霜和蛋黃尚未完全混合，且蛋黃還殘留黃色紋路的狀態為止。

4　將A分成2～3次加入，一邊轉動缽盆，一邊小心避免蛋白霜消泡，用橡皮刮刀從底部舀起麵糊翻拌。混合至沒有粉類殘留後，加入即溶咖啡，然後切拌混合。

5　用湯匙將4均等填入鋪有格拉辛紙杯的模具中。用茶篩在表面撒上糖粉。分成2次，每次都大量撒滿，然後擺上核桃，放入180℃的烤箱中烘烤15分鐘。

6　烤好後，用叉子等工具將馬芬從模具中取出，移到蛋糕冷卻架上放涼。

(45)

PINEAPPLE, ROSEMARY MUFFIN
鳳梨迷迭香馬芬

新鮮迷迭香的香氣與鳳梨果乾的
微微酸味交織而成的清爽滋味。
鳳梨乾因為有優格包覆，
所以即使經過烘烤也不會變硬。

（46）

MATCHA GREEN TEA, CRANBERRY MUFFIN
抹茶蔓越莓馬芬

將蛋糕體切開就能看到鮮明綠色中的莓果。
抹茶和蔓越莓乾令人出乎意料的組合。
抹茶風味和水果酸甜滋味譜成的協奏曲，在身心舒暢的口中擴散開來。

鳳梨迷迭香馬芬

材料（直徑7cm的馬芬模具6個份）

蛋黃　2個份
香草油　少許
蛋白　2個份
細砂糖　40g

A
　低筋麵粉　50g
　杏仁粉　10g

B
　鳳梨乾　40g
　優格　10g
迷迭香（新鮮的）　適量
糖粉　適量

事前準備

（＊「抹茶蔓越莓馬芬」的準備事項也相同）

○ 將蛋白放入冰箱冷藏備用。＊
○ 將A混合過篩。＊
○ 將B的鳳梨乾切成1cm的丁狀，和優格混拌。
○ 將要放進麵糊的迷迭香（1小枝）摘下葉子切碎。
○ 在模具中鋪入馬芬用的格拉辛紙杯。＊
○ 將烤箱預熱至180℃。＊

作法

1　在容器中放入蛋黃，用橡皮刮刀打散，加入香草油混拌。
2　將冰的蛋白放入缽盆中，用手持式電動攪拌機以高速攪打。打至泛白後，一邊將細砂糖分成3～4次加入，一邊將蛋白霜確實打發成尖角挺立的狀態。
3　將1一口氣全部加入2中，用橡皮刮刀快速混拌。攪拌至蛋白霜和蛋黃尚未完全混合，且蛋黃還殘留黃色紋路的狀態為止。
4　將A分成2～3次加入，一邊轉動缽盆，一邊小心避免蛋白霜消泡，用橡皮刮刀從底部舀起麵糊翻拌。混合至沒有粉類殘留後，加入B和切碎的迷迭香葉，然後切拌混合。
5　用湯匙將4均等填入鋪有格拉辛紙杯的模具中。用茶篩在表面撒上糖粉。分成2次，每次都大量撒滿，然後擺上撕成小段的迷迭香枝葉，放入180℃的烤箱中烘烤15分鐘。
6　烤好後，用叉子等工具將馬芬從模具中取出，移到蛋糕冷卻架上放涼。

抹茶蔓越莓馬芬

材料（直徑7cm的馬芬模具6個份）

蛋黃　2個份
優格　1小匙
蛋白　2個份
細砂糖　50g

A
　低筋麵粉　50g
　抹茶粉　5g
蔓越莓乾　30g
糖粉　適量

事前準備

○ 將蔓越莓乾放在熱水（分量外）中浸泡一下，用紙巾拭乾水分。
○ 除了上述事項外，其他請參考「鳳梨迷迭香馬芬」事前準備的＊，做相同的準備。

作法

1　在容器中放入蛋黃，用橡皮刮刀打散，加入優格混拌。
2　參考「鳳梨迷迭香馬芬」作法的2、3，以同樣方式製作。
3　將A分成2～3次加入，一邊轉動缽盆，一邊小心避免蛋白霜消泡，用橡皮刮刀從底部舀起麵糊翻拌。混合至沒有粉類殘留後，加入蔓越莓乾，然後切拌混合。
4　參考「鳳梨迷迭香馬芬」作法的5、6，除了放上迷迭香的枝葉以外，其他以同樣方式製作。　（47）

CHAI MUFFIN
印度奶茶馬芬　　作法→ p50

TEA, DRIED FIG MUFFIN
紅茶無花果乾馬芬　　作法→ p50

MONT BLANC MUFFIN

蒙布朗馬芬　作法→p51

印度奶茶馬芬

混合香料做成的印度奶茶糊香氣四溢,是亮點所在。
將其加入麵糊裡攪拌出大理石花紋,烘烤後的切面令人驚喜。

材料(直徑7cm的馬芬模具6個份)

蛋黃　2個份
優格　1小匙
蛋白　2個份
細砂糖　40g

A
　低筋麵粉　60g
　伯爵茶(茶包)　1包
印度奶茶糊
　黍砂糖　30g
　肉桂粉　½小匙
　小荳蔻粉、薑粉　各¼小匙
　植物油　10g
　牛奶　10g
糖粉　適量

事前準備

(「紅茶無花果乾馬芬」的準備事項也相同)
將蛋白放入冰箱冷藏備用。
將A的低筋麵粉過篩,混合從茶包倒出
來的茶葉備用。
在模具中鋪入馬芬用的格拉辛紙杯。
將烤箱預熱至180℃。

作法

1　將印度奶茶糊的材料放入缽盆中,混合備用(照片a)。
2　在容器中放入蛋黃,用橡皮刮刀打散,加入優格混拌。
3　將冰的蛋白放入缽盆中,用手持式電動攪拌機以高速攪打。打至
泛白後,一邊將細砂糖分成3~4次加入,一邊將蛋白霜確實打
發成尖角挺立的狀態。
4　將2一口氣全部加入3中,用橡皮刮刀快速混拌。攪拌至蛋白霜
和蛋黃尚未完全混合,且蛋黃還殘留黃色紋路的狀態為止。
5　將A分成2~3次加入,一邊轉動缽盆,一邊小心避免蛋白霜消
泡,用橡皮刮刀從底部舀起麵糊翻拌。混合至沒有粉類殘留後,
加入⅔分量的1,然後切拌混合。
6　用湯匙將5均等填入鋪有格拉辛紙杯的模具中。將剩下的1用湯
匙等量放在每個麵糊上,然後輕輕攪拌做出大理石花紋。用茶篩
在表面撒上糖粉。分成2次,每次都大量撒滿,然後放入180℃
的烤箱中烘烤15分鐘。
7　烤好後,用叉子等工具將馬芬從模具中取出,移到蛋糕冷卻架上
放涼。

●香料粉
照片右起為小荳蔻粉、肉桂粉、薑
粉。只要調整分量,就可以結合出自
己喜歡的味道。

紅茶無花果乾馬芬

無花果乾和紅茶超對味,
果乾的顆粒感讓人愉悅的馬芬。

材料(直徑7cm的馬芬模具6個份)

蛋黃　2個份
優格　1大匙
蛋白　2個份
細砂糖　50g
A
　低筋麵粉　50g
　伯爵茶(茶包)　1包
無花果乾　50g
糖粉　適量

(50)

事前準備

將無花果乾切成1cm的丁狀。
除了上述事項外,其他請參考「印度
奶茶馬芬」事前準備的3,做相同的
準備。

作法

1　參考「印度奶茶馬芬」作法的2~4,以同樣方式製作。
2　將A分成2~3次加入,一邊轉動缽盆,一邊小心避免蛋白霜消
泡,用橡皮刮刀從底部舀起麵糊翻拌。混合至沒有粉類殘留後,
加入無花果乾,然後切拌混合。
3　用湯匙將2均等填入鋪有格拉辛紙杯的模具中。用茶篩在表面撒
上糖粉。分成2次,每次都大量撒滿,然後放入180℃的烤箱中
烘烤15分鐘。
4　參考「印度奶茶馬芬」作法的7,以同樣方式取出放涼。

蒙布朗馬芬

蓬鬆柔軟的馬芬和奶油是絕配。
只要稍微花點工夫，用市售栗子泥裝飾基本的原味馬芬，
就能簡單地做出蒙布朗。

材料（直徑7cm的馬芬模具6個份）

蛋黃　2個份
香草油　少許
蛋白　2個份
細砂糖　50g

A
　低筋麵粉　50g
　杏仁粉　10g

蒙布朗奶油
　鮮奶油　130g
　栗子泥　100g
　牛奶　1大匙
　黑蘭姆酒　1小匙
糖粉　適量
糖煮栗子　3個

事前準備

　將蛋白放入冰箱冷藏備用。
　將A混合過篩。
　將糖煮栗子切成一半。
　在模具中鋪入馬芬用的格拉辛紙杯。
　將烤箱預熱至180℃。

作法

1　在容器中放入蛋黃，用橡皮刮刀打散，加入香草油混拌。
2　將冰的蛋白放入缽盆中，用手持式電動攪拌機以高速攪打。打至泛白後，一邊將細砂糖分成3〜4次加入，一邊將蛋白霜確實打發成尖角挺立的狀態。
3　將1一口氣全部加入2中，用橡皮刮刀快速混拌。攪拌至蛋白霜和蛋黃尚未完全混合，且蛋黃還殘留黃色紋路的狀態為止。
4　將A分成2〜3次加入，一邊轉動缽盆，一邊小心避免蛋白霜消泡，用橡皮刮刀從底部舀起麵糊翻拌。混合至沒有粉類殘留就是完成了。
5　用湯匙將4均等填入鋪有格拉辛紙杯的模具中。用茶篩在表面撒上糖粉。分成2次，每次都大量撒滿，然後放入180℃的烤箱中烘烤15分鐘。
6　烤好後，用叉子等工具將馬芬從模具中取出，移到蛋糕冷卻架上放到完全變涼。
7　製作蒙布朗奶油。在缽盆中放入鮮奶油，缽盆底部墊著冰水，用手持式電動攪拌機以高速打至七分發（舀起時不會呈挺立尖角的狀態）。
8　在另一個缽盆中放入栗子泥，用手持式電動攪拌機以高速攪打至變得柔軟。依序加入牛奶、蘭姆酒，每加入一種後都要確實攪拌均勻。
9　在8的缽盆底部墊著冰水，用湯匙舀1匙7加入，用橡皮刮刀確實攪拌至沒有紋路殘留為止。將剩餘的7分成2次加入，每次加入後都用橡皮刮刀切拌混合。
10　將直徑1cm的星形花嘴裝入擠花袋中，用手指壓入並確實固定（照片a）。將擠花袋的花嘴朝下放進圓筒狀的杯子中，開口往外翻開再往下折（照片b），然後填入9。
11　用吸管在6的中央戳入至一半高度（照片c），開出一個約1cm的洞（照片d）。從洞口擠入10的奶油，然後在表面也重疊擠出一圈圈奶油，用茶篩撒上糖粉，在每個蛋糕上分別放一塊切成一半的糖煮栗子。

a

b

c

d

Part 3

酥鬆馬芬

可以享受如司康或比司吉般酥鬆口感的馬芬。由於材料中的水分含量
較少，因此加入粉類後不要過度混拌，只要快速攪拌一下就好，這是
製作訣竅。過度混拌會產生筋性，導致麵團變硬，請多加留意。因為
口感很像司康，所以搭配奶油或楓糖漿品嚐也很美味。

BASIC, PLAIN MUFFIN
基本的酥鬆馬芬・原味　作法→p54

Part 3

基本的酥鬆馬芬・原味

酥酥鬆鬆如司康一般的口感。原味口味超適合搭配
果醬或奶油，盡情品嚐自己喜歡的組合吧。

材料（直徑7cm的馬芬模具5個份）

蛋　½個
植物油　50g
優格　10g
牛奶　70g
香草油　少許

A

低筋麵粉　120g
玉米澱粉　20g
泡打粉　1又⅓小匙
黍砂糖　60g

事前準備

○ 將蛋置於室溫回溫。
○ 將A混合過篩。
○ 在模具中鋪入馬芬用的格
　拉辛紙杯。
○ 將烤箱預熱至190℃。

作法

1 在蛋液中加入植物油混合

將蛋打入缽盆中，用打蛋器打散成蛋
液。

將植物油逐次少量加入，每次加入後
都要用打蛋器攪拌均勻，使之乳化。

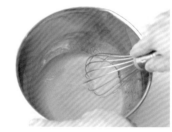

混拌至植物油和蛋液完全融合沒有分
離，且蛋液變成濃稠的狀態為止。

2 加入優格等

將優格一次全部加入，用打蛋器混拌
至沒有結塊為止。

加入牛奶，確實混拌，使之乳化。

加入香草油後攪拌均勻。

3 加入粉類

-----POINT
看不見粉粒後，一定要馬上停止攪
拌。因為若過度混拌，會做不出酥鬆
的口感，所以請多加留意。

一口氣加入全部的 A 。

一邊轉動缽盆，一邊用橡皮刮刀從底
部舀起麵糊，不要過度攪拌地快速混
拌。沒有粉類殘留就是攪拌完成了。

4 烘烤

5 脫模

（55）

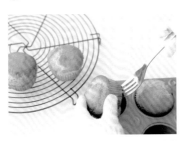

用湯匙將 3 均等填入鋪有格拉辛紙
杯的模具中，以190℃的烤箱烘烤
18～20分鐘。

烤好後，用叉子等工具將馬芬從模具
中取出，移到蛋糕冷卻架上放涼。

MAPLE MUFFIN

楓糖馬芬　作法→p58

PEANUT BUTTER, CRUMBLE MUFFIN
花生醬 & 奶酥馬芬　　作法→p59

GRANOLA MUFFIN
綜合穀麥馬芬　　作法→p59

楓糖馬芬

滲入酥鬆蛋糕體的楓糖漿，其恰到好處的甜味
令馬芬更添香氣，是不論小孩或大人都會喜歡的滋味。

材料（直徑7cm的馬芬模具5個份）
蛋　½個
植物油　50g
優格　10g
牛奶　70g
楓樹油（有的話）　少許
A
　低筋麵粉　120g
　玉米澱粉　20g
　泡打粉　1又⅓小匙
　黍砂糖　50g
楓糖漿　30g

事前準備
○ 將蛋置於室溫回溫。
○ 將A混合過篩。
○ 在模具中鋪入馬芬用的格拉辛紙杯。
○ 將烤箱預熱至190℃。

作法
1 將蛋打入缽盆中，用打蛋器打散成蛋液。將植物油逐次少量加入，每次加入後都要用打蛋器攪拌均勻，使之乳化。
2 將優格一次全部加入，用打蛋器混拌至沒有結塊為止。依序加入牛奶、楓樹油，每加入一種後都要確實攪拌，使之乳化。
3 一口氣加入全部的A，一邊轉動缽盆，一邊用橡皮刮刀從底部舀起麵糊翻拌。攪拌至略有粉類殘留的狀態後，將楓糖漿分成3次加入，每次加入後都快速混拌。
4 用湯匙將3均等填入鋪有格拉辛紙杯的模具中，以190℃的烤箱烘烤18～20分鐘。
5 烤好後，用叉子等工具將馬芬從模具中取出，移到蛋糕冷卻架上放涼。

花生醬 & 奶酥馬芬

放得滿滿的奶酥，不但品嚐時口頰留香，
酥脆口感也令人回味無窮。花生醬樸實的滋味
則和馬芬蛋糕體非常契合。

材料（直徑7cm的馬芬模具5個份）

蛋　½個
植物油　40g
花生醬　30g
牛奶　80g

A

　低筋麵粉　120g
　玉米澱粉　20g
　泡打粉　1又⅓小匙
　黍砂糖　50g

奶酥

B

　低筋麵粉　40g
　杏仁粉　20g
　黍砂糖　20g
　肉桂粉　少許
植物油　20g

事前準備

○ 將蛋置於室溫回溫。
○ 將A、B分別混合過篩。
○ 在模具中鋪入馬芬用的格拉辛紙杯。
○ 將烤箱預熱至190℃。

作法

1 製作奶酥。在缽盆中放入B，將植物油一次全部倒入之後，用橡皮刮刀混拌。變得濕潤後，改用手混合，以指尖搓成鬆散的顆粒狀（參考P18）。
2 將蛋打入缽盆中，用打蛋器打散成蛋液。將植物油逐次少量加入，每次加入後都要用打蛋器攪拌均勻，使之乳化。
3 依序加入花生醬、牛奶，每加入一種後都要確實攪拌，使之乳化。
4 一口氣加入全部的A，一邊轉動缽盆，一邊用橡皮刮刀從底部舀起麵糊翻拌。攪拌至沒有粉類殘留時，就是混合完成了。
5 用湯匙將1均等填入鋪有格拉辛紙杯的模具中。將1等量放在每個麵糊上，以190℃的烤箱烘烤20分鐘。
6 烤好後，用叉子等工具將馬芬從模具中取出，移到蛋糕冷卻架上放涼。

綜合穀麥馬芬

使用適合當做早餐或輕食的綜合穀麥製成的馬芬。因為頂部配料的
綜合穀麥很容易烤焦，所以烘烤時要將烤箱溫度設定得低一些。

材料（直徑7cm的馬芬模具5個份）

蛋　½個
植物油　50g
優格　10g
牛奶　70g
香草油　少許

A

　低筋麵粉　120g
　玉米澱粉　20g
　泡打粉　1又⅓小匙
　黍砂糖　60g
喜歡的綜合穀麥　20g

頂部配料

　喜歡的綜合穀麥　30g

事前準備

○ 將蛋置於室溫回溫。
○ 將A混合過篩。
○ 在模具中鋪入馬芬用的格拉辛紙杯。
○ 將烤箱預熱至180℃。

作法

1 將蛋打入缽盆中，用打蛋器打散成蛋液。將植物油逐次少量加入，每次加入後都要用打蛋器攪拌均勻，使之乳化。
2 將優格一次全部加入，用打蛋器混拌至沒有結塊為止。依序加入牛奶、香草油，每加入一種後都要確實攪拌，使之乳化。
3 一口氣加入全部的A，一邊轉動缽盆，一邊用橡皮刮刀從底部舀起麵糊翻拌。攪拌至略有粉類殘留的狀態後，加入綜合穀麥快速混拌。
4 用湯匙將3均等填入鋪有格拉辛紙杯的模具中。在麵糊上均勻撒上綜合穀麥，放入180℃的烤箱中烘烤22分鐘。
5 烤好後，用叉子等工具將馬芬從模具中取出，移到蛋糕冷卻架上放涼。

（59）

STRAWBERRY SHORT BISCUIT MUFFIN
草莓鮮奶油比司吉馬芬　作法→p62

BROWNSUGAR
SOYBEAN FLOUR MUFFIN
黑糖黃豆粉馬芬　　作法→ p63

APRICOT,
ALMOND MUFFIN
杏桃 & 杏仁馬芬　　作法→ p63

草莓鮮奶油比司吉馬芬

將基本的酥鬆馬芬變化成美式的草莓鮮奶油蛋糕。
外觀華麗吸睛，最適合用來招待客人。

材料（直徑7cm的馬芬模具5個份）

蛋　½個
植物油　50g
優格　10g
牛奶　70g
香草油　少許

A
　低筋麵粉　120g
　玉米澱粉　20g
　泡打粉　1又⅓小匙
　黍砂糖　60g

B
　鮮奶油　130g
　細砂糖　1大匙
草莓　12～13顆

事前準備

將蛋置於室溫回溫。
將A混合過篩。
在模具中鋪入馬芬用的格拉辛紙杯。
將烤箱預熱至190℃。
摘下草莓的蒂頭，縱切成一半後，用
紙巾將切口處的水分拭乾。

作法

1 將蛋打入缽盆中，用打蛋器打散成蛋液。將植物油逐次少量加入，每次加入後都要用打蛋器攪拌均勻，使之乳化。

2 將優格一次全部加入，用打蛋器混拌至沒有結塊為止。依序加入牛奶、香草油，每加入一種後都要確實攪拌，使之乳化。

3 一口氣加入全部的A，一邊轉動缽盆，一邊用橡皮刮刀從底部舀起麵糊翻拌。攪拌至沒有粉類殘留時，就是混合完成了。

4 用湯匙將均等填入鋪有格拉辛紙杯的模具中。以190℃的烤箱烘烤18～20分鐘。

5 烤好後，用叉子等工具將馬芬從模具中取出，移到蛋糕冷卻架上放到完全變涼。

6 將B混合後放入缽盆中，缽盆底部墊著冰水，用手持式電動攪拌機以高速攪打至九分發。

7 將直徑1cm的星形花嘴裝入擠花袋中，用手指壓入並確實固定。將擠花袋的花嘴朝下放進圓筒狀的杯子中，開口往外翻開再往下折，然後填入6（參考P51）。

8 將5從上方高度⅓處水平切開，在下方的切面擠上適量的7，放3塊草莓。在草莓上擠少量的7，再疊上5的上半部，最後在馬芬頂部擠出圓圓一球7，並放2塊草莓做裝飾。

黑糖黃豆粉馬芬

黑糖濃醇的甘甜搭配溫和的黃豆風味，
散發令人懷念的滋味。核桃的香氣則為整體更添韻味。

材料（直徑7cm的馬芬模具5個份）

蛋 ½個
植物油 50g
優格 10g
牛奶 70g

A
　低筋麵粉 100g
　黃豆粉 30g
　泡打粉 1又⅓小匙
　黑糖粉 50g
核桃 20g

頂部配料
　核桃 20g

事前準備

（ ＊ 「杏桃&杏仁馬芬」的準備事項也相同）
○ 將蛋置於室溫回溫。＊
○ 將A混合過篩。如果黑糖有結塊的話，
　就壓碎再撒入，剩下的顆粒取出備用。
○ 將要加入麵糊的核桃大略切碎。
○ 在模具中鋪入馬芬用的格拉辛紙杯。＊
○ 將烤箱預熱至190℃。＊

作法

1 將蛋打入缽盆中，用打蛋器打散成蛋液。將植物油逐次少量加入，每次加入後都要用打蛋器攪拌均勻，使之乳化。
2 將優格一次全部加入，用打蛋器混拌至沒有結塊為止。加入牛奶後確實攪拌，使之乳化。
3 一口氣加入全部的A，一邊轉動缽盆，一邊用橡皮刮刀從底部舀起麵糊翻拌。攪拌至略有粉類殘留的狀態後，加入大略切碎的核桃和事前準備時取出的黑糖顆粒，快速混拌。
4 用湯匙將3均等填入鋪有格拉辛紙杯的模具中。將頂部配料的核桃徒手剝碎，等量放在每個麵糊上，以190℃的烤箱烘烤18分鐘。
5 烤好後，用叉子等工具將馬芬從模具中取出，移到蛋糕冷卻架上放涼。

杏桃 & 杏仁馬芬

將杏桃乾浸泡在優格中使之回復柔軟是一大重點。
杏桃的甜味與酸味擴散在整個蛋糕體中。

材料（直徑7cm的馬芬模具5個份）

蛋 ½個
植物油 50g
牛奶 70g
香草油 少許

A
　低筋麵粉 100g
　玉米澱粉 20g
　杏仁粉 20g
　泡打粉 1又⅓小匙
　細砂糖 60g

B
　杏桃乾 40g
　優格 20g
杏仁片 適量

事前準備

○ 將A混合過篩。
○ 將B的杏桃乾切成1cm的丁狀，在優格中浸泡約5分鐘。
○ 除了上述事項外，其他請參考「黑糖黃豆粉馬芬」事前準備的＊，做相同的準備。

作法

1 參考「黑糖黃豆粉馬芬」作法的1，以同樣方式製作。
2 依序加入牛奶、香草油，每加入一種後都要確實攪拌，使之乳化。
3 一口氣加入全部的A，一邊轉動缽盆，一邊用橡皮刮刀從底部舀起麵糊翻拌。攪拌至略有粉類殘留的狀態後，加入B並快速混拌。
4 用湯匙將3均等填入鋪有格拉辛紙杯的模具中。放上杏仁片，以190℃的烤箱烘烤18～20分鐘。
5 烤好後，用叉子等工具將馬芬從模具中取出，移到蛋糕冷卻架上放涼。

（63）

CINNAMON MARBLE MUFFIN
肉桂大理石紋馬芬

肉桂大理石紋馬芬

在原味麵糊中加入攪拌成大理石花紋的肉桂糊，
充滿香料的甘甜令人上癮，是一款讓人想多做幾次的馬芬。
最適合搭配紅茶和咖啡。

材料 （直徑7cm的馬芬模具5個份）

蛋　½個
植物油　50g
優格　10g
牛奶　70g
香草油　少許

A

　低筋麵粉　120g
　玉米澱粉　20g
　泡打粉　1又⅓小匙
　黍砂糖　50g

肉桂糊

　黍砂糖　30g
　肉桂粉　1小匙
　植物油　10g
　牛奶　10g

事前準備

　將蛋置於室溫回溫。
　將A混合過篩。
　在模具中鋪入馬芬用的格拉辛紙杯。
　將烤箱預熱至190℃。

作法

1　將肉桂糊的材料放入容器中，用打蛋器確實混合。
2　將蛋打入缽盆中，用打蛋器打散成蛋液。將植物油逐次少量加入，每次加入後都要用打蛋器攪拌均勻，使之乳化。
3　將優格一次全部加入，用打蛋器混拌至沒有結塊為止。依序加入牛奶、香草油，每加入一種後都要確實攪拌，使之乳化。
4　一口氣加入全部的A，一邊轉動缽盆，一邊用橡皮刮刀從底部舀起麵糊翻拌。攪拌至沒有粉類殘留時，就是混合完成了。
5　用湯匙將一半分量的4均等填入鋪有格拉辛紙杯的模具中。將⅔分量的1等量放在每個麵糊中央，立起湯匙繞圈攪拌一下，做出大理石花紋（照片a）。
6　從上方均等填入剩下的4，用湯匙在中央挖出一個凹洞（照片b）。在凹洞中等量放上剩下的1（照片c），然後立起湯匙繞圈攪拌一下，做出大理石花紋（照片d）。最後以190℃的烤箱烘烤18～20分鐘。
7　烤好後，用叉子等工具將馬芬從模具中取出，移到蛋糕冷卻架上放涼。

（65）

a

b

c

d

Part
4

脆皮馬芬

利用春捲皮做出酥脆口感的變化款馬芬。將內裡濕潤的蛋糕體與外層
香脆的外皮一起烘烤，美味程度獨樹一格。可以和水果、奶油等各式
各樣的配料組合，也是這款馬芬的魅力。請好好享受脆皮馬芬的全新
口感。

BASIC, PECAN NUTS PIE MUFFIN
基本的脆皮馬芬・山核桃派　作法→p68

Part 4

基本的脆皮馬芬・山核桃派

組合了濕潤蛋糕體和春捲皮，是一款非常獨特的馬芬。
若不是烤好當日品嚐的話，請在食用前
先以微波爐解凍，再用烤箱烤過。

材料（直徑7㎝的馬芬模具6個份）
蛋　1個
植物油　60g
優格　30g
牛奶　30g
香草油　少許
A
　低筋麵粉　90g
　泡打粉　1小匙
　黍砂糖　60g
春捲皮（20×20㎝）　3片

山核桃糊
　蛋　½個
　黍砂糖　30g
　蜂蜜　10g
　即溶咖啡　1小撮
　山核桃（烘烤過）　20g

事前準備
○ 將蛋置於室溫回溫。
○ 將A混合過篩。
○ 將春捲皮裁成4等分，2片1組重疊起來，用沾濕的手壓緊，使其固定（照片a）。在每格模具中鋪入1組（照片b）。
○ 將山核桃切成碎塊（照片c）。
○ 將烤箱預熱至190℃。

a　　　　　b　　　　　c

作法

1 製作山核桃糊

將蛋打入小缽盆中，打散成蛋液，加入黍砂糖後，用打蛋器混拌均勻。

依序加入蜂蜜、即溶咖啡，每加入一種後都要用打蛋器確實混拌。

將整體確實攪拌至沒有紋路的柔順狀態後，就是混合完成了。

2 將蛋和植物油混合

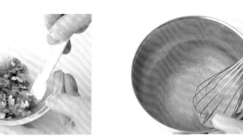

加入山核桃碎塊，用橡皮刮刀快速混拌一下。

將蛋打入缽盆中，用打蛋器打散成蛋液。

3 加入優格等

將植物油逐次少量加入，每次加入後都要用打蛋器確實混拌均勻，使之乳化。

將優格一次全部加入，用打蛋器混拌至沒有結塊為止。

加入牛奶後確實混拌，使之乳化。

4 加入粉類

加入香草油確實混拌，然後一口氣加入全部的 A。

一邊轉動缽盆，一邊用橡皮刮刀從底部舀起麵糊，不要過度攪拌地快速混拌。沒有粉類殘留就是攪拌完成了。

--POINT

攪拌至看不到粉類後，就要馬上停止動作。若過度攪拌，口感會變得厚重，所以要多留意。

5 烘烤

用湯匙將 4 均等填入鋪有春捲皮的模具中。

用湯匙舀起 1，等量放在每個麵糊中央並輕輕下壓，使山核桃糊下沉。用190℃的烤箱烘烤20分鐘。

6 脫模

（69）

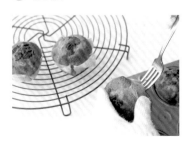

烤好後，用叉子等工具將馬芬從模具中取出，移到蛋糕冷卻架上放涼。烘烤完成後會隨著時間經過而變得難以脫模，所以一定要在剛烤好的狀態下取出。

(70)

PEACH ROSE MUFFIN
黃桃玫瑰造型馬芬

APPLE PIE MUFFIN
蘋果派馬芬

蘋果派馬芬

蛋糕體的比例較少，提升了蘋果的存在感。
有如美式蘋果派般，
堆了滿滿新鮮蘋果的馬芬蛋糕。

材料（直徑7cm的馬芬模具6個份）

蛋　½個
植物油　30g
優格　15g
牛奶　15g
香草油　少許

A
低筋麵粉　45g
泡打粉　½小匙
黍砂糖　30g
紅玉蘋果　1個（約200g）

B
肉桂粉　少許
楓糖漿　20g
春捲皮（20×20cm）　3片

事前準備

（與「黃桃玫瑰造型馬芬」的準備事項也相同）

‧將蛋置於室溫回溫。
‧將A混合過篩。
‧去除蘋果核，帶皮切成1.5cm的丁狀。
‧將春捲皮裁成4等分，2片1組重疊起來，用沾濕的手壓緊，使其固定。在每格模具中鋪入1組。
‧將烤箱預熱至190℃。

作法

1 將蘋果丁放入缽盆中，加入B後，用橡皮刮刀混拌。
2 將蛋打入另一個缽盆中，用打蛋器打散成蛋液。將植物油逐次少量加入，每次加入後都要用打蛋器確實混拌均勻，使之乳化。
3 將優格一次全部加入，用打蛋器混拌至沒有結塊為止。依序加入牛奶、香草油，每加入一種後都要確實攪拌，使之乳化。
4 一口氣加入全部的A，一邊轉動缽盆，一邊用橡皮刮刀從底部舀起麵糊翻拌。攪拌至沒有粉類殘留時，就是混合完成了。
5 用湯匙將4均等填入鋪有春捲皮的模具中。將1等量放在每個麵糊上，用190℃的烤箱烘烤23分鐘。
6 烤好後，用叉子等工具將馬芬從模具中取出，移到蛋糕冷卻架上放涼。烘烤完成後會隨著時間經過而變得難以脫模，所以一定要在剛烤好的狀態下取出。

黃桃玫瑰造型馬芬

將黃桃裝飾得如玫瑰花般的可愛馬芬。
為了讓麵糊容易熟透，要降低蛋糕體的比例。

材料（直徑7cm的馬芬模具6個份）

蛋　½個
植物油　30g
優格　15g
牛奶　15g
香草油　少許

A
低筋麵粉　45g
泡打粉　½小匙
黍砂糖　30g
黃桃（罐頭）　3塊（半顆）
春捲皮（20×20cm）　3片

事前準備

‧將黃桃切成2～3mm厚的薄片，用紙巾確實去除多餘的水分。
‧除了上述事項外，其他請參考「蘋果派馬芬」事前準備的‧，做相同的準備。

作法

1 製作黃桃玫瑰。將1片黃桃薄片橫擺立著從中央往外捲，做成花心（照片a），在外側用7～8片黃桃薄片，以繞圓的方式一片片稍微錯開包捲起來（照片b）。以這個作法製作6個。
2 參考「蘋果派馬芬」作法的1～4，以同樣方式製作。
3 用湯匙將2均等填入鋪有春捲皮的模具中。在每個麵糊上各放1個1，用190℃的烤箱烘烤20分鐘。
4 參考「蘋果派馬芬」作法的6，以同樣方式製作。

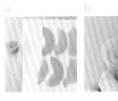
a　　　b

BANANA CUSTARD MUFFIN

香蕉卡士達馬芬　作法→p74

PEAR & BLACK PEPPER MUFFIN

洋梨黑胡椒馬芬　　作法→p75

香蕉卡士達馬芬

只要用微波爐就能輕鬆製作的簡易卡士達醬，
香草籽與蘭姆酒香氣瀰漫的正統滋味。
烘烤後的卡士達醬散發著濃稠的熱氣，和香蕉非常對味。

材料（直徑7cm的馬芬模具6個份）

蛋　1個
植物油　60g
優格　30g
牛奶　30g
香草油　少許

A

| 低筋麵粉　90g
| 泡打粉　1小匙
| 黍砂糖　60g

香蕉　1根

卡士達醬

| 香草莢　¼根
| 牛奶　100g
| 蛋黃　1個份
| 細砂糖　20g

B

| | 低筋麵粉　5g
| | 玉米澱粉　5g

| 黑蘭姆酒　1小匙

春捲皮（20×20cm）　3片

事前準備

　將蛋置於室溫回溫。
　將A、B分別混合過篩。
　將香蕉切成3mm厚的圓片。
　將香草莢縱向剖開，用手撥開豆莢
　（照片a）。用刀背刮出香草籽（照
　片b）。將取出的香草籽和香草莢放
　入耐熱容器中，加入牛奶浸泡備用。
　將春捲皮裁成4等分，2片1組重疊起
　來，用沾濕的手壓緊，使其固定。在
　每格模具中鋪入1組。
　將烤箱預熱至190℃。

作法

1　製作卡士達醬。將浸泡著香草籽和香草莢的牛奶放進微波爐中，
　加熱1分30秒，直到牛奶變成快要沸騰的狀態。
2　在耐熱缽盆中放入蛋黃，用打蛋器打散成蛋液，加入細砂糖混
　拌。加入B，快速切拌混合。
3　將1逐次少量加入2中，用打蛋器確實混拌均勻。
4　將3用微波爐加熱20秒，然後用打蛋器混拌均勻。接著以20秒
　為單位，用微波爐再加熱3次，每次加熱後都要用打蛋器確實混
　拌。加熱至連中央也噗滋噗滋地沸騰，且舀起時會滑順流下的狀
　態為止。
5　馬上倒入淺盤中，在表面緊密地覆蓋一層保鮮膜，在上方放保冷
　劑等，使其快速降溫。
6　使用之前取出香草莢，放入缽盆中用橡皮刮刀確實混拌，攪拌至
　呈現均勻的狀態，然後加入蘭姆酒混拌。
7　製作蛋糕體。將蛋打入缽盆中，用打蛋器打散成蛋液。將植物油
　逐次少量加入，每次加入後都要用打蛋器確實混拌均勻，使之乳
　化。
8　將優格一次全部加入，用打蛋器混拌至沒有結塊為止。依序加入
　牛奶、香草油，每加入一種後都要確實攪拌，使之乳化。
9　一口氣加入全部的A，一邊轉動缽盆，一邊用橡皮刮刀從底部舀
　起麵糊翻拌。攪拌至略有粉類殘留的狀態後，取¾分量的6和香
　蕉片，分成2次加入麵糊中，每次加入後都要快速切拌混合。
10　用湯匙將9均等填入鋪有春捲皮的模具中，將剩下的6和香蕉片
　等量放在每個麵糊上，用190℃的烤箱烘烤22分鐘。
11　烤好後，用叉子等工具將馬芬從模具中取出，移到蛋糕冷卻架上
　放涼。烘烤完成後會隨著時間經過而變得難以脫模，所以一定要
　在剛烤好的狀態下取出。

a

b

洋梨黑胡椒馬芬

充滿香氣的利口酒與刺激辛辣的黑胡椒
讓滋味溫和的洋梨瞬間散發成熟風味。

材料（直徑7cm的馬芬模具6個份）

蛋　1個
植物油　60g
優格　30g
牛奶　30g
A
　低筋麵粉　90g
　泡打粉　1小匙
　細砂糖　60g
粗磨黑胡椒　1小匙
洋梨（罐頭）　2塊（半顆）
洋梨利口酒（或櫻桃利口酒）　1大匙
春捲皮（20×20cm）　3片

最後裝飾

│ 粗磨黑胡椒　適量

事前準備

　將蛋置於室溫回溫。
　將A混合過篩。
　將洋梨切成1.5cm的丁狀，用紙巾確
　實去除多餘的水分，和洋梨利口酒混
　合備用。
　將春捲皮裁成4等分，2片1組重疊起
　來，用沾濕的手壓緊，使其固定。在
　每格模具中鋪入1組。
　將烤箱預熱至190℃。

作法

1　將蛋打入缽盆中，用打蛋器打散成蛋液。將植物油逐次少量加
　入，每次加入後都要用打蛋器確實混拌均勻，使之乳化。

2　將優格一次全部加入，用打蛋器混拌至沒有結塊為止。加入牛奶
　後確實攪拌，使之乳化。

3　一口氣加入全部的A和粗磨黑胡椒，一邊轉動缽盆，一邊用橡皮
　刮刀從底部舀起麵糊翻拌。攪拌至略有粉類殘留的狀態後，將⅔
　分量的洋梨連同利口酒一起加入，快速切拌混合。

4　用湯匙將A均等填入鋪有春捲皮的模具中。將剩下的洋梨等量放
　在每個麵糊上，用190℃的烤箱烘烤20分鐘。

5　烤好後，用叉子等工具將馬芬從模具中取出，撒上粗磨黑胡椒
　後，移到蛋糕冷卻架上放涼。烘烤完成後會隨著時間經過而變得
　難以脫模，所以一定要在剛烤好的狀態下取出。

(75)

FLORENTINE MUFFIN
焦糖杏仁馬芬

焦糖杏仁馬芬

將充滿焦糖杏仁香氣的法式甜點佛羅倫斯酥餅變化成馬芬。
至於工序繁複的堅果糊，在此為各位介紹用微波爐輕鬆製作的方法。
堅果糊可以冷凍保存，所以多做一些備用的話，
有裝飾甜點等需求時，就會很方便。

材料（直徑7cm的馬芬模具6個份）

蛋　1個
植物油　60g
優格　30g
牛奶　30g
香草油　少許

A

低筋麵粉　90g
泡打粉　1小匙
黍砂糖　40g

堅果糊

B

水、細砂糖、蜂蜜　各20g
鮮奶油　20g
植物油　⅓小匙
杏仁片（烘烤過）　20g
春捲皮（20×20cm）　3片

事前準備

○ 將蛋置於室溫回溫。
○ 將A混合過篩。
○ 將烘焙紙折出12×8cm的折痕備用。
○ 將春捲皮裁成4等分，2片1組重疊起來，用沾濕的手壓緊，使其固定。在每格模具中鋪入1組。
○ 將烤箱預熱至180℃。

作法

1　製作堅果糊。將B放入耐熱缽盆中，用打蛋器混拌，然後以微波爐加熱約2分鐘。熬煮至變成淺咖啡色後取出。

2　加入鮮奶油混拌，然後加熱約1分20秒。熬煮至變得濃稠且呈現淺米色後取出。

3　加入植物油和杏仁片，用橡皮刮刀混拌後，倒在準備好的烘焙紙上。將杏仁片抹平使其均勻分布（照片 a），接著用刮板沿著折痕整成長方形（照片 b），大略放涼。

4　放入冰箱冷藏約10分鐘，取出後用刀子壓出6等分的切痕（照片 c），然後再放進冷凍庫15分鐘以上，使其凝固。

5　製作蛋糕體。將蛋打入缽盆中，用打蛋器打散成蛋液。將植物油逐次少量加入，每次加入後都要用打蛋器確實混拌均勻，使之乳化。

6　將優格一次全部加入，用打蛋器混拌至沒有結塊為止。依序加入牛奶、香草油，每加入一種後都要確實攪拌，使之乳化。

7　一口氣加入全部的A，一邊轉動缽盆，一邊用橡皮刮刀從底部舀起麵糊翻拌。攪拌至沒有粉類殘留時，就是混合完成了。

8　用湯匙將7均等填入鋪有春捲皮的模具中。將4從冷凍庫取出，沿著刀痕用手剝開，在每個麵糊上放1片，以180℃的烤箱烘烤20分鐘。

9　烤好後，用叉子等工具將馬芬從模具中取出，移到蛋糕冷卻架上放涼。烘烤完成後會隨著時間經過而變得難以脫模，所以一定要在剛烤好的狀態下取出。

a

b

c

SESAME DUMPLING MUFFIN
芝麻糰子馬芬

芝麻糰子馬芬

以最喜歡的芝麻糰子為意象製作的馬芬。
撒在表面的滿滿芝麻和薄脆的春捲皮非常契合。
讓人不禁想配著綠茶或烏龍茶一起品嚐，充滿亞洲風味的一款甜點。

材料（直徑7cm的馬芬模具6個份）

蛋　1個
植物油　60g
優格　30g
牛奶　30g
香草油　少許
A

　低筋麵粉　90g
　泡打粉　1小匙
　黍砂糖　50g
紅豆餡　60g
焙炒芝麻（黑、白）　各1大匙
春捲皮（20×20cm）　3片

事前準備

◯ 將蛋置於室溫回溫。
◯ 將 A 混合過篩。
◯ 將黑白兩色的焙炒芝麻混合備用。
◯ 將春捲皮裁成4等分，2片1組重疊起
　來，用沾濕的手壓緊，使其固定。在
　每格模具中鋪入1組。
◯ 將烤箱預熱至190℃。

作法

1 將蛋打入缽盆中，用打蛋器打散成蛋液。將植物油逐次少量加
　入，每次加入後都要用打蛋器確實混拌均勻，使之乳化。
2 將優格一次全部加入，用打蛋器混拌至沒有結塊為止。依序加入
　牛奶、香草莢，每加入一種後都要確實攪拌，使之乳化。
3 一口氣加入全部的 A，一邊轉動缽盆，一邊用橡皮刮刀從底部舀
　起麵糊翻拌。攪拌至沒有粉類殘留時，就是混合完成了。
4 用湯匙將½分量的 均等填入鋪有春捲皮的模具中。將紅豆餡等
　量放在每個麵糊上，再於上方填入剩餘的 ，並在表面撒上焙炒
　芝麻。以190℃的烤箱烘烤20分鐘。
5 烤好後，用叉子等工具將馬芬從模具中取出，移到蛋糕冷卻架上
　放涼。烘烤完成後會隨著時間經過而變得難以脫模，所以一定要
　在剛烤好的狀態下取出。

Part
5

輕食馬芬

也可以當做正餐的鹹味馬芬。以鮪魚或蛋、蔬菜等，還有不輸給滿滿
配料的扎實蛋糕體為特色。因為可以用番茄、菠菜等色彩漂亮的蔬菜
做頂部裝飾，所以很推薦用於攜帶餐點的派對或當成小小的伴手禮。
相信不喜歡甜食的人收到時也會很開心。

BASIC, TUNA MAYONNAISE MUFFIN

基本的輕食馬芬·鮪魚美乃滋　作法→p82

Part 5

基本的輕食馬芬・鮪魚美乃滋

在帶著溫和鹹味的麵糊中，加入鮪魚美乃滋的輕食馬芬。
適合搭配任何配料的蛋糕體，也可自由變化不同組合。

材料（直徑7㎝的馬芬模具6個份）

蛋　2個
植物油　50g
美乃滋　30g
優格　40g
牛奶　30g
油漬鮪魚罐頭　1罐（70g）

A

低筋麵粉　120g
泡打粉　1又½小匙
鹽　¼小匙
粗磨黑胡椒　適量

事前準備

○ 將蛋置於室溫回溫。
○ 將 A 混合過篩。
○ 在模具中鋪入馬芬用的格拉辛紙杯。
○ 將烤箱預熱至190℃。

作法

1 將蛋與植物油混合

將蛋打入缽盆中，用打蛋器打散成蛋液。

將植物油逐次少量加入，每次加入後都要用打蛋器確實混拌均勻，使之乳化。

2 加入美乃滋等

加入美乃滋，用打蛋器混拌。

混拌至美乃滋和蛋液完全融合沒有分離，且蛋液變成濃稠的狀態為止。

將優格一次全部加入，用打蛋器混拌至沒有結塊為止。

加入牛奶，確實混拌，使之乳化。

3 加入粉類

將鮪魚連同油分一起加入，確實攪拌至整體完全融合。

一口氣加入全部的 A，接著加入黑胡椒。

一邊轉動缽盆，一邊用橡皮刮刀從底部舀起麵糊，不要過度攪拌地快速混拌。沒有粉類殘留就是攪拌完成了。

4 烘烤

用湯匙將 3 均等填入鋪有格拉辛紙杯的模具中，以190℃的烤箱烘烤18～20分鐘。

5 脫模

（83）

烤好後，用叉子等工具將馬芬從模具中取出，移到蛋糕冷卻架上放涼。

SPINACH & QUAIL'S EGG MUFFIN
菠菜鵪鶉蛋馬芬

菠菜鵪鶉蛋馬芬

因為確實擠乾了菠菜的水分，
所以即使大量加入也不會變得濕濕爛爛。
小小的鵪鶉蛋還能增添滿足感，
是一款營養均衡的組合。

材料（直徑7cm的馬芬模具6個份）

蛋　2個
植物油　70g
優格　40g
牛奶　30g
A
　低筋麵粉　120g
　泡打粉　1又½小匙
　鹽　½小匙
菠菜　1把（約270g）
鵪鶉蛋（水煮過）　6個

事前準備

◯ 將蛋置於室溫回溫。
◯ 將A混合過篩。
◯ 將菠菜放進熱水（分量外）中快速汆
　燙，切成1cm寬後，用紙巾包裹起來，
　確實擰乾水分。
◯ 將鵪鶉蛋切成一半。
◯ 在模具中鋪入馬芬用的格拉辛紙杯。
◯ 將烤箱預熱至190℃。

作法

1　將蛋打入缽盆中，用打蛋器打散成蛋液。將植物油逐次少量加
　入，每次加入後都要用打蛋器確實混拌均勻，使之乳化。

2　將優格一次全部加入，用打蛋器混拌至沒有結塊為止。加入牛奶
　後確實攪拌，使之乳化。

3　一口氣加入全部的A，一邊轉動缽盆，一邊用橡皮刮刀從底部舀
　起麵糊翻拌。攪拌至略有粉類殘留的狀態後，加入菠菜快速切拌
　混合。

4　用湯匙將3均等填入鋪有格拉辛紙杯的模具中。在每個麵糊上分
　別放2塊切開的鵪鶉蛋，以190℃的烤箱烘烤20分鐘。

5　烤好後，用叉子等工具將馬芬從模具中取出，移到蛋糕冷卻架上
　放涼。

CURRY ONION SAUSAGE MUFFIN

咖哩洋蔥香腸馬芬　作法→ p88

AVOCADO & TOMATO MUFFIN

酪梨番茄馬芬　作法→p89

咖哩洋蔥香腸馬芬

淺淺黃色的蛋糕體與咖哩的香氣引起了食欲。
將洋蔥裹滿咖哩粉備用，
就能吸收多餘的水分，讓成品更加美味。

材料（直徑7cm的馬芬模具6個份）
蛋　2個
植物油　70g
優格　40g
牛奶　30g

A
　低筋麵粉　120g
　泡打粉　1又½小匙
　鹽　⅓小匙

B
　洋蔥　½個
　咖哩粉　2小匙
維也納香腸　5根

事前準備
○ 將蛋置於室溫回溫。
○ 將A混合過篩。
○ 將B的洋蔥切成薄片，裹滿咖哩粉備用。
○ 將維也納香腸切成8mm厚的圓片。
○ 在模具中鋪入馬芬用的格拉辛紙杯。
○ 將烤箱預熱至190℃。

作法
1　將蛋打入缽盆中，用打蛋器打散成蛋液。將植物油逐次少量加入，每次加入後都要用打蛋器確實混拌均勻，使之乳化。
2　將優格一次全部加入，用打蛋器混拌至沒有結塊為止。加入牛奶後確實攪拌，使之乳化。
3　一口氣加入全部的A，一邊轉動缽盆，一邊用橡皮刮刀從底部舀起麵糊，不要過度攪拌地快速混拌。攪拌至略有粉類殘留的狀態後，加入¾分量的維也納香腸和B，快速切拌混合。
4　用湯匙將3均等填入鋪有格拉辛紙杯的模具中。將剩下的維也納香腸等量放在每個麵糊上，以190℃的烤箱烘烤20分鐘。
5　烤好後，用叉子等工具將馬芬從模具中取出，移到蛋糕冷卻架上放涼。

酪梨番茄馬芬

鮮明的色彩，放在桌上就會瞬間成為亮點的一款馬芬。
酪梨的濃郁口感與小番茄的清爽酸味充滿魅力。

材料（直徑7cm的馬芬模具6個份）
蛋　2個
植物油　50g
美乃滋　30g
優格　40g
牛奶　30g
A
　低筋麵粉　120g
　泡打粉　1又½小匙
　鹽　⅓小匙
粗磨黑胡椒　適量
酪梨　1個
小番茄　6個

事前準備
○ 將蛋置於室溫回溫。
○ 將A混合過篩。
○ 將酪梨切成一半並取出果核，去皮後
　切成1.5cm的丁狀。
○ 將小番茄切成一半。
○ 在模具中鋪入馬芬用的格拉辛紙杯。
○ 將烤箱預熱至190℃。

作法

1　將蛋打入缽盆中，用打蛋器打散成蛋液。將植物油逐次少量加
　入，每次加入後都要用打蛋器確實混拌均勻，使之乳化。

2　加入美乃滋並用打蛋器混拌。將優格一次全部加入，用打蛋器混
　拌至沒有結塊為止。加入牛奶後確實攪拌，使之乳化。

3　一口氣加入全部的A，接著加入黑胡椒。一邊轉動缽盆，一邊用
　橡皮刮刀從底部舀起麵糊，不要過度攪拌地快速混拌。攪拌至略
　有粉類殘留的狀態後，加入⅔分量的酪梨，快速切拌混合。

4　用湯匙將3均等填入鋪有格拉辛紙杯的模具中。將小番茄和剩下
　的酪梨等量放在每個麵糊上，以190℃的烤箱烘烤20分鐘。

5　烤好後，用叉子等工具將馬芬從模具中取出，移到蛋糕冷卻架上
　放涼。

BACON, APPLE MUFFIN
培根蘋果馬芬

BACON, PRUNE MUFFIN
培根洋李乾馬芬

培根蘋果馬芬

鮮嫩多汁的塊狀培根與帶有水果酸味的薄片蘋果非常契合。
是一款吃了會很有飽足感，非常適合當做正餐享用的馬芬。

材料（直徑7cm的馬芬模具6個份）

蛋　2個
植物油　70g
優格　40g
牛奶　30g
A
　低筋麵粉　120g
　泡打粉　1又½小匙
　鹽　⅓小匙
粗磨黑胡椒　適量
培根　50g
蘋果（喜歡的品種）　½個（100g）

事前準備

（「培根洋李乾馬芬」的準備事項也相同）
○ 將蛋置於室溫回溫。＊
○ 將A混合過篩。＊
○ 將培根切成1cm的丁狀。
○ 將蘋果帶皮切成2mm厚的扇形。
○ 在模具中鋪入馬芬用的格拉辛紙杯。＊
○ 將烤箱預熱至190℃。＊

作法

1　將蛋打入缽盆中，用打蛋器打散成蛋液。將植物油逐次少量加入，每次加入後都要用打蛋器確實混拌均勻，使之乳化。
2　將優格一次全部加入，用打蛋器混拌至沒有結塊為止。加入牛奶後確實攪拌，使之乳化。
3　一口氣加入全部的A，接著加入黑胡椒。一邊轉動缽盆，一邊用橡皮刮刀從底部舀起麵糊，不要過度攪拌地快速混拌。攪拌至略有粉類殘留的狀態後，加入培根和⅔分量的蘋果，快速切拌混合。
4　用湯匙將3均等填入鋪有格拉辛紙杯的模具中。將剩下的蘋果等量放在每個麵糊上，以190℃的烤箱烘烤20分鐘。
5　烤好後，用叉子等工具將馬芬從模具中取出，移到蛋糕冷卻架上放涼。

培根洋李乾馬芬

培根的鹹味和洋李乾濃郁的甜味是絕妙搭配。
愈嚼愈多汁，令人口齒生津、美味加倍的馬芬。

材料（直徑7cm的馬芬模具6個份）

蛋　2個
植物油　70g
優格　40g
牛奶　30g
顆粒芥末醬　1小匙
A
　低筋麵粉　120g
　泡打粉　1又½小匙
　鹽　⅓小匙
粗磨黑胡椒　少許
洋李乾（去籽）　50g
培根　50g

事前準備

○ 將洋李乾和培根切成1cm的丁狀。
○ 除了上述事項外，其他請參考「培根蘋果馬芬」事前準備的＊，做相同的準備。

作法

1　將蛋打入缽盆中，用打蛋器打散成蛋液。將植物油逐次少量加入，每次加入後都要用打蛋器確實混拌均勻，使之乳化。
2　依序加入優格、牛奶、顆粒芥末醬，每加入一種後都要用打蛋器確實攪拌，使之乳化。
3　一口氣加入全部的A，接著加入黑胡椒。一邊轉動缽盆，一邊用橡皮刮刀從底部舀起麵糊，不要過度攪拌地快速混拌。攪拌至略有粉類殘留的狀態後，加入洋李乾和培根，快速切拌混合。
4　用湯匙將3均等填入鋪有格拉辛紙杯的模具中。以190℃的烤箱烘烤20分鐘。
5　參考「培根蘋果馬芬」作法的5，以同樣方式放涼。

（91）

CHIKUWA & GREEN LAVER MUFFIN
竹輪海苔馬芬

竹輪海苔馬芬

烤得恰到好處的竹輪引人食指大動。
混合在麵糊中的海苔粉讓外觀與香氣都更加鮮明。

材料（直徑7cm的馬芬模具6個份）

蛋　2個
植物油　70g
優格　50g
牛奶　30g

A
｜　低筋麵粉　110g
｜　泡打粉　1又½小匙
｜　鹽　⅓小匙
｜　海苔粉　2大匙
竹輪　3根

事前準備

○ 將蛋置於室溫回溫。
○ 將A除了海苔粉以外的材料混合過
　篩，然後再加入海苔粉混拌。
○ 將竹輪切成8mm厚的圓片。
○ 在模具中鋪入馬芬用的格拉辛紙杯。
○ 將烤箱預熱至180℃。

作法

1　將蛋打入缽盆中，用打蛋器打散成蛋液。將植物油逐次少量加
　入，每次加入後都要用打蛋器確實混拌均勻，使之乳化。

2　將優格一次全部加入，用打蛋器混拌至沒有結塊為止。加入牛奶
　後確實攪拌，使之乳化。

3　一口氣加入全部的A，一邊轉動缽盆，一邊用橡皮刮刀從底部舀
　起麵糊，不要過度攪拌地快速混拌。攪拌至略有粉類殘留的狀態
　後，留下18片竹輪，其餘都加進麵糊裡快速切拌混合。

4　用湯匙將3均等填入鋪有格拉辛紙杯的模具中。在每個麵糊上分
　別放3片竹輪，以180℃的烤箱烘烤20分鐘。

5　烤好後，用叉子等工具將馬芬從模具中取出，移到蛋糕冷卻架上
　放涼。

ZUCCHINI & PAPRIKA MUFFIN
櫛瓜甜椒馬芬

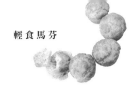

櫛瓜甜椒馬芬

裝飾著皺褶狀的櫛瓜，看起來很時髦的馬芬。
對半切開後，磨碎的綠色櫛瓜與紅色甜椒十分鮮明，
很推薦用來當做伴手禮或帶到派對等場合。

材料（直徑7cm的馬芬模具6個份）

蛋　2個
植物油　60g
櫛瓜　1根

A

低筋麵粉　120g
泡打粉　1又½小匙
鹽　⅓小匙
奧勒岡（乾燥的）　1小匙

粗磨黑胡椒　適量
甜椒（紅色）　½個

最後裝飾

甜椒粉　適量

事前準備

○ 將蛋置於室溫回溫。
○ 將 A 除了奧勒岡以外的材料混合過
　篩，然後再加入奧勒岡混拌。
○ 將櫛瓜用削皮刀縱向削成長薄片，
　取6片備用。將剩下的櫛瓜磨碎，擰
　乾水分後，取70g備用。
○ 將甜椒切成1cm的丁狀。
○ 在模具中鋪入馬芬用的格拉辛紙杯。
○ 將烤箱預熱至190℃。

作法

1 將蛋打入缽盆中，用打蛋器打散成蛋液。將植物油逐次少量加
　入，每次加入後都要用打蛋器確實混拌均勻，使之乳化。

2 將磨碎的櫛瓜一次全部加入，用打蛋器確實混拌均勻，使之乳
　化。

3 一口氣加入全部的 A，接著加入黑胡椒。一邊轉動缽盆，一邊用
　橡皮刮刀從底部舀起麵糊，不要過度攪拌地快速混拌。攪拌至略
　有粉類殘留的狀態後，加入甜椒，快速切拌混合。

4 用湯匙將 3 均等填入鋪有格拉辛紙杯的模具中。將櫛瓜長薄片一
　片片做出皺褶狀（照片 a），戳入麵糊中（照片 b）。以190℃
　的烤箱烘烤20分鐘。

5 烤好後，用叉子等工具將馬芬從模具中取出。移到蛋糕冷卻架上
　之後，撒上甜椒粉，靜置放涼。

a

b

吉川文子

點心研究家。因為將自製點心送給朋友時，朋友表示想向她學習作法，所以開設了點心教室。目前在自家主持西點教室「咕咕霍夫（kouglof）」。師承藤野真紀子、近藤冬子、法籍甜點師安東尼・桑多斯（Antoine Santos）。1999年獲得「今日料理大賞」點心部門賞。致力於設計用身邊材料即可輕鬆製作的美味食譜。著有《用烤盤製作方形戚風蛋糕（暫譯）》（誠文堂新光社）、《無奶油也超美味 蘋果的甜點食譜（暫譯）》（世界文化社）、《輕口感新式磅蛋糕：奶油OFF 健康ON》（邦聯文化）、《漫步舌尖的輕盈新食感！低糖、低卡、無麩質的雲朵麵包》（台灣東販）等書。

3種植物油×5種蛋糕體×46款變化

新食感的美味馬芬蛋糕

2018年2月 1 日初版第一刷發行
2021年3月15日初版第二刷發行

著　　　者	吉川文子
譯　　　者	黃嫣容
編　　　輯	劉皓如
特 約 編 輯	劉泓葳
美 術 主 編	陳美燕
發 行 人	南部裕
發 行 所	台灣東販股份有限公司

　　　　　＜地址＞台北市南京東路4段130號2F-1
　　　　　＜電話＞(02)2577-8878
　　　　　＜傳真＞(02)2577-8896
　　　　　＜網址＞http://www.tohan.com.tw

郵撥帳號　1405049-4
法律顧問　蕭雄淋律師
總 經 銷　聯合發行股份有限公司
　　　　　＜電話＞(02)2917-8022

著作權所有，禁止翻印轉載，侵害必究。
購買本書者，如遇缺頁或裝訂錯誤，
請寄回更換（海外地區除外）。
Printed in Taiwan.

日文版Staff

設計	三上祥子（Vaa）
攝影	有賀 傑
視覺設計	池水陽子
採訪	守屋かおる
編輯	櫻岡美佳
材料提供	cuoca
	http://www.cuoca.com/

國家圖書館出版品預行編目資料

新食感的美味馬芬蛋糕：3種植物油×5種蛋糕體
×46款變化 / 吉川文子著；黃嫣容譯 .-- 初版.
-- 臺北市：臺灣東販, 2018.02
96面；18.2*25.7公分
ISBN 978-986-475-563-9(平裝)

1. 點心食譜

427.16　　　　　　　　　　　106023930

TOHAN